中华青少年科学文化博览丛书·气象卷 >>>

U0201009

图说云雾凇 >>>

中华青少年科学文化博览丛书·气象卷

图说云雾凇

TUSHUO YUN WU SONG

吉林出版集团有限责任公司 | 全国百佳图书出版单位

前 言

人们常常看到天空有时碧空无云，有时白云朵朵，有时又是乌云密布。为什么天上有时有云，有时又没有云呢?云究竟是怎样形成的呢? 它又是由什么组成的?

飘浮在天空中的云彩是由许多细小的水滴或冰晶组成的，有的是由小水滴或小冰晶混合在一起组成的。有时也包含一些较大的雨滴及冰、雪粒，云的底部不接触地面，并有一定厚度。

云的形成主要是由水汽凝结造成的。从地面向上十几千米的这层大气中，越靠近地面，温度越高，空气也越稠密;越往高空，温度越低，空气也越稀薄。

水汽从蒸发表面进入低层大气后，这里的温度高，所容纳的水汽较多，如果这些湿热的空气被抬升，温度就会逐渐降低，到了一定高度，空气中的水汽就会达到饱和。

如果空气继续被抬升，就会有多余的水汽析出，多余的水汽就凝化为小冰晶。在这些小水滴和小冰晶逐渐增多并达到人眼能辨认的程度时，就是云了。

雾和云都是由浮游在空中的小水滴或冰晶组成的水汽凝结物，只是雾生成在大气的近地面层中，而云生成在大气的较高层而已。

雾既然是水汽凝结物，因此应从造成水汽凝结的条件中寻找它的成因。对于雾来说冷却更重要。当空气中有凝结核时，饱和空气如继续有水汽增加或继续冷却，便会发生凝结。

因此凡是在有利于空气低层冷却的地区，如果水汽充分，风力微和，大气层结稳定，并有大量的凝结核存在，便最容易生成雾。一般在工业区和城市中心形成雾的机会更多，因为那里有丰富的凝结核存在。

初冬或冬末，有时会出现一种奇怪现象，从空中掉下来的液态雨滴落在树枝、电线或其他物体上时，会突然冻成一层外表光滑晶莹剔透的冰层。这种滴雨成冰的现象是怎么回事呢? 实际上这里的雨滴不是一般的雨滴，而是过冷雨滴。

由于这些雨滴的直径很小，温度虽然降到摄氏零度以下，但还来不及冻结便掉了下来，当其接触到地面冷的物体时，就立即冻结，变成了我们所说的"雨凇"。

吉林雾凇与桂林山水、云南石林和长江三峡同为中国四大自然奇观，却是这四处自然景观中最为特别的一个。本书从雾凇的形成条件、相关诗文、吉林雾凇的特点等方面带领人们走进"天与云与山与水，上下一白"的人间妙境。

目 录

第一章

云之趣——水滴和冰晶的集结地

小水滴小冰晶组成了云朵 ………… 9

它们都是从云层中掉下来的 ………… 10

带来冰雹和龙卷风的积雨云 ………… 12

看云识天气 ………… 13

云的九族 ………… 15

云量和晴阴 ………… 16

卫星云图上各类云的特征 ………… 17

像雾像雨又像风 ………… 18

第二章

凌空观云——那些怪诞的云与雾

对流层中最高的云 ………… 23

美丽的云彩 ………… 25

人工让云彩飘雪 ………… 27

凌空观云 ………… 29

怪诞云雾 ………… 31

浓雾灾害 ………… 34

"温柔杀手" ………… 35

"雾闪"污染电线 ………… 36

第三章

云海——千姿百态的云雾奇观

黄山第一奇观 ………… 39

云雾之乡 ………… 43

峨眉山云海 ………… 44

不识庐山真面目 ………… 45

有云的类地星球 ………… 46

涡旋云系 ………… 47

不同云层上掉下的雨滴 ………… 48

目 录

并不是每一朵云都会下雨 ……………… 49

第四章
黑雾——被污染的呛人的雾

伦敦毒雾 ……………… 54

呛人的雾 ……………… 55

充当杀手的雾 ……………… 58

致人失踪的雾 ……………… 59

云雾游戏 ……………… 60

带电的云 ……………… 62

雷雨云的消散 ……………… 64

电荷碰撞产生雷电 ……………… 67

第五章
雾非雾——雾气中的恶毒种子

雾中草船借箭 ……………… 70

为什么冬天的早晨时常有雾？ ……………… 71

雾不散就是雨 ……………… 74

雾的成因 ……………… 75

沿海春夏多雾 ……………… 76

雾的分类 ……………… 77

雾都伦敦 ……………… 79

雾气里的恶毒种子 ……………… 81

第六章
雾岛和烟霾岛——大气污染的产物

沿海浓雾 ……………… 84

海雾的预测 ……………… 86

江雾 ……………… 87

大雾的危害 ……………… 88

江雾雾岛和烟霾岛 ……………… 89

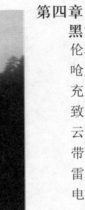

目 录

江雾毒雾封锁达达尼尔海峡 ············· 92
有毒素的海雾 ············· 93
人工消雾 ············· 95
青岛"雾牛" ············· 97

第七章
树挂——玲珑剔透的玉树琼枝
雨凇和雾凇 ············· 100
春秋时它叫"树稼" 102
吉林雾凇奇观 ············· 103
空气"清洁器" ············· 105
相互配合的大气物理变化 106
松花江雾凇岛 110
库尔滨雾凇 112
庐山雾凇犹瑶界 ············· 115

第八章
"天凌"——奇妙的冰雪世界
覆盖在树枝表面的冰挂 ············· 117
雨凇形成的前提 118
冷暖空气打架 ············· 120
山地湖泊多雨凇 122
雨凇的危害 ············· 124
寒潮带来雨凇 128
最大的雨凇 129
人工除凇 ············· 130

第九章
那些和雾凇有关的美丽故事
"寒江雪柳,玉树琼花" 133
大自然赋予人类的精美艺术品 ············· 135

目 录

"北国江城"一枝独秀 ……………… 138

冬来我家看雾凇 ……………… 144

雾凇情怀 ……………… 147

第十章
云雾凇也影响着我们的日常生活

"亚洲褐云"危害深重 ……………… 152

雾与霾的组成"雾霾天气" ……………… 154

雾霾危害健康 ……………… 158

第1章 云之趣
——水滴和冰晶的集结地

1. 小水滴小冰晶组成了云朵
2. 它们都是从云层中掉下来的
3. 带来冰雹和龙卷风的积雨云
4. 看云识天气
5. 云的九族
6. 云量和晴阴
7. 卫星云图上各类云的特征
8. 像雾像雨又像风

◨ 小水滴小冰晶组成了云朵

人们的生活、国民经济的发展都会受到天气变化的影响，而天气的变化又总是与云紧密联系的。细心的人都有过这样的经验：天空云量增加，云层降低，天气可能会转坏；相反，云量减少，云层升高可能是天气好转的预兆。

云是怎么形成的呢？天上那些姿态万千的云彩又预示着会发生什么样的天气过程呢？下面让我们一起来揭开这些秘密吧。

人们常常看到天空有时碧空无云，有时白云朵朵，有时又是乌云密布。为什么天上有时有云，有时又没有云呢？

漂浮在天空中的云彩是由许多细小的水滴或冰晶组成的，有的是由小水滴或小冰晶混合在一起组成的。有时也包含一些较大的雨滴及冰、雪粒，云的底部不接触地面，并有一定厚度。

云朵

云的形成主要是由水汽凝结而成的。我们都知道，从地面向上十几千米这层大气中，越靠近地面，温度越高，空气也越稠密；越往高空，温度越低，空气也越稀薄。

另一方面，江河湖海的水面，以及土壤和动、植物的水分，随时蒸发到空中变成水汽。水汽进入大气后，成云致雨或凝聚为霜露，又返回地面，渗入土壤或流入江河湖海，然后又再蒸发，再凝结下降。周而复始，循环不已。

水汽从蒸发表面进入低层大气后，这里的温度高，所容纳的水汽较多，如果这些湿热的空气被抬升，

温度就会逐渐降低，抬升到一定高度，空气中的水汽就会达到饱和。

如果空气继续被抬升，就会有多余的水汽析出。如果那里的温度高于零摄氏度，则多余的水汽就凝结成小水滴；如果温度低于零摄氏度，则多余的水汽就凝化为小冰晶。在这些小水滴和小冰晶逐渐增多并达到人眼能辨认的程度时，就是云了。

◤ 它们都是从云层中掉下来的

我们已经知道，云是由许多小水滴和小冰晶组成的，雨滴和雪花就是由它们增长变大而成的。那么，小水滴和小冰晶在云内是怎样增长变大的呢？

在水云中，云滴都是小水滴。它们主要是靠继续凝结和互相碰撞并合而增大的。因此，在水云里，云滴要增大到雨滴的大小，首先需要

火烧云

云海

云很厚，云滴浓密，含水量多，这样，它才能继续凝结增长；其次，在水云内还需要存在较强的垂直运动，这样才能增加碰撞并合的机会。

而在比较稀薄和比较稳定的水云中，云滴没有足够的凝结和并合增长的机会，只能引起多云、阴天，不会下雨。

在各种不同的云内，其云滴大小的分布是各不相同的，造成云滴大小不均的原因就是周围空气中水汽的转移以及云滴的蒸发。使云滴增长的因素是凝结过程和碰撞并和过程，在只有凝结作用的情况下，云滴的大小是均匀的，但由于水汽的补充，使某些云滴有所增长，再加上并合作用的结果，就使较大的云滴继续增长变大成为雨滴。

雨滴受地心引力的作用而下降，当有上升气流时，就会有一个向上的力加在雨滴上，使其下降的速度变慢，并且一些小雨滴还可能被带上去。只有当雨滴增大到一定的程度时，才能下降到地面，形成降雨。

◤ 带来冰雹和龙卷风的积雨云

积雨云，云浓而厚，云体庞大如高耸的山岳，顶部开始冻结，轮廓模糊，有纤维结构，底部十分阴暗，常有雨幡及碎雨云。

云浓而厚，云体庞大如高耸的山丘，顶部开始冻结，轮廓模糊，有纤维结构，底部十分阴暗，常有雨幡及碎雨云。积雨云几乎总是形成降水，包括雷电、阵性降水、阵性大风及冰雹等天气现象，有时也伴有龙卷风，在特殊地区，甚至产生强烈的外旋气流，下击暴流。这是一种可以使飞机遭遇坠毁灾难的气流。

夏季到来之前，我们在天上一般见到积云，积云如果迅速的向上凸起，就会形成高大的云山，这时候，云底慢慢变黑，云峰渐渐模糊。不一会，整座云山就会崩塌，天空也特别暗，马上就会哗啦哗啦下起暴雨，雷声隆隆，电光闪闪，有时还会带来冰雹或龙卷风。

对流云

◤ 看云识天气

长期的观测和实践表明，云的产生和消散以及各类云之间的演变和转化，都是在一定的水汽条件和大气运动的条件下进行的。

人们看不见水汽，也看不见大气运动，但从云的生与灭演变中可以看到水汽和大气运动的一举一动，而水汽和大气运动对雨、雪、冰、雹等天气现象起着极为重要的作用。

千百年来，我国劳动人民在生产实践中根据云的形状、来向、移速、厚薄、颜色等的变化，总结了丰富的"看云识天气"的经验，并将这些经验编成谚语。我们在这里将这些有关"看云识天气"的谚语汇总在一起，有兴趣的朋友不妨留心作一些观察对照。

"天上钩钩云，地上雨淋淋"，钩钩云指钩卷云，这种云的后面，常有锋面、低压或低压槽移来，预兆着阴雨将临；"炮台云，雨淋淋"，炮台云指堡状高积云或堡状层积云，多出现在低压槽前，表示

空气不稳定，一般隔8～10小时左右有雷雨降临；"云交云，雨淋淋"，云交云指上下云层移动方向不一致，也就是说云所处高度的风向不一致，常发生在锋面或低压附近，所以预示有雨，有时云与地面风向相反，则有"逆风行云，天要变"的说法。

有时早上出门的时候会看到漫天的云霞，其实云霞也可以预报天气，"早霞不出门，晚霞行千里"，就是说早晨东方无云，西方有云，阳光照到云上散射出彩霞，表明空中水汽充沛或有阴雨系统移来，加上白天空气一般不大稳定，天气将会转阴雨；傍晚如出晚霞，表明西边天空已放晴，加上晚上

积雨云

天上钩钩云

一般对流减弱，形成彩霞的东方云层，将更向东方移动或趋于消散，预示着天晴。

在暖季的早晨，如天边出现了堡状云，表示这个高度上的潮湿气层已经很不稳定，到了午间，低层对流一旦发展，上下不稳定的层次结合起来，就会产生强烈的对流运动，形成积雨云而发生雷雨。所以有"清早宝塔云，下午雨倾盆"的谚语。

另外，有天气预兆的云在演变过程中，往往具有一定的连续性、季节性和地方性。当天空中的云按照卷云、卷层云、高层云、雨层云这样的次序从远处连续移来，而且逐渐由少变多，由高变低，由薄变厚时，就预兆很快会有阴雨天气到来；相反，如果云由低变高、由厚变薄、由成层而崩裂为零散状的云时，就不会有阴雨天气。

在暖季早晨，天空如出现底平、顶凸、孤立的淡积云，或移动较快的碎积云，表明中低空气层比较稳定，天气晴好。

此外，云的颜色也可预兆一定的天气，如冰雹云的颜色先是顶白底黑，而后云中出现红色，形成白、黑、红色乱绞的云丝，云边呈土黄色。

黑色是阳光透不过云体所造成的；白色是云体对阳光无选择散射或反射的结果；红黄色是云中某些云滴对阳光进行选择散射的现象。

有时雨云也呈现淡黄色，但

淡积云

云色均匀，不乱翻腾。还有不少谚语是从云色和云形来预兆要下冰雹的。

高层云

例如，内蒙古有"不怕云里黑，就怕云里黑夹红，最怕黄云下面长白虫"等谚语，山西有"黄云翻，冰雹天；乱搅云，雹成群；云打架，雹要下"、"黑云黄云土红云，反来复去乱搅云，多有雹子灾严重"等谚语。

还有"午后黑云滚成团，风雨冰雹一齐来"、"天黄闷热乌云翻，天河水吼防冰蛋"等说法，这些都说明当空气对流强盛，云块发展迅猛，像浓烟一股股地直往上冲，云层上下前后翻滚时，就容易下冰雹。

◪ 云的九族

天上的云总是形态各异，千变万化的，你知道为什么会这样吗？前面我们已经知道云主要是由空气上升绝热冷却而形成的，这是云形成的共性，但是水汽在凝结或凝华过程中有着不同的特点，因而形成了不同的云状，这是不同云形成的个性。

根据形成云的上升气流的特点，云可分为对流云、层状云和波状云三大类。对流云包括淡积云、浓积云、秃积雨云、鬃积雨云和卷云。层状云包括卷层云、高层云、雨层云和层云。波状云包括层积云、高积云、卷积云。

根据云底的高度，云可分成高云、中云、低云三大云族。然后再按云的外形特征、结构和成因可将其划分为十属二十九类，它们主要是低云，低云包括层积云、层云、雨层云、积云、积雨云五属，其中层积云、层云、雨层云由水滴组成，云底高度通常在2 500米以下。

雨层云

云量和晴阴

云量多少，全凭目测云块占据天空的面积来估计。因为是目测，当然并不十分准确，但也没有更好的办法，全世界的气象站至今还是用这种目测方法估计云量。天气预报广播中的晴、少云、多云和阴，就是根据云量的多少划分的。

天空无云，或者虽有零星云层，但云量不到二成时称为晴；低云量在八成以上称为阴；一般说来，当天空被云掩蔽，颜色发白，地上东西显得明亮时，这种云较高。

相反，云色呈灰或灰黑色，显得阴沉，这种云则较低。移动慢的云较高，移动快的云较低。

这样做提供了一个判断天气的数量标准，和过去的习惯稍有不同。例如，习惯上以雨停而云散，或有云仍见太阳光为晴；以天空云

大部分低云都可能下雨，雨层云还常有连续性雨、雪。而积云、积雨云由水滴、过冷水滴、冰晶混合组成，云底高度一般也常在2 500米以下，但云顶很高。积雨云多下雷阵雨，有时伴有狂风、冰雹。

中云则包括高层云、高积云两属，多由水滴、过冷水滴与冰晶混合组成，云底高度通常在2 500至5 000米之间。高层云常有雨、雪产生，但薄的高积云一般不会下雨。

高云中包括卷云、卷层云、卷积云三属，全部由小冰晶组成，云底高度通常在5 000米以上。高云一般不会下雨，但冬季北方的卷层云、密卷云偶尔会降雪。

层密布，阳光罕见，或天色阴暗时
为阴。

◤ 卫星云图上各类云的特征

卷状云在卫星云图上是一种纤维结构，在可见光云图上，卷云的反照率低，呈灰—深灰色；若可见光云图卷云呈白色，则其云层很厚，或与其他云相重叠；在红外云图上，卷云顶温度很低，呈白色。

在卫星云图上，中云与天气系统相连，表现为大范围的带状、涡旋状、逗点状。在可见光云图上，中云呈灰白色到白色，色调的差异判定云的厚度；在红外云图上，中云呈中等程度灰色。

无论可见光还是红外云图，积雨云的色调最白；当高空风小时，积雨云呈圆形，高空风大时，顶部常有卷云砧，表现为椭圆形。

在可见光云图上积云浓积云的色调很白，但由于积云浓积云高度不一，在红外云图上的色调可以从

色调积雨云

灰白到白色不等，纹理不均匀，边界不整齐。其型式表现为积云线和开口细胞状云。

在可见光云图上，层云表现为光滑均匀的云区；色调白到灰白，若层云厚度超过300米，其色调很白；层云边界整齐清楚，与山脉、河流、海岸线走向相一致。在红外云图上，层云色调较暗，与地面色调相似。

◨ 像雾像雨又像风

云是悬浮在高空中的密集的水滴或冰滴。从云里可以降雨或雪。

对天气变化有经验的人都知道：天上挂什么云，就有什么天气，所以说，云是天气的相貌，天空云的形状可以表现短时间内天气变化的动态。云是用肉眼可以直接看到的现象，所以关于它的谚语最多，也比较符合科学原理。

雾也是悬浮在高空中的密集的水滴或冰滴。从存在的实体讲，雾和云并没有差别。但从它们形成的原因和出现的环境来看，却是两回事。

雾层的底是紧贴在地面上的，可见成雾的空气层没有经过上升运动，水汽凝结所必需的冷

雾层

山林的晨雾

却过程是在安定于地面的空气层内进行的。这表示有雾的天气，大气层是稳定的，和成云的大气层不稳定性，刚刚相反。

最后演变出来的天气，也是刚刚相反。有云的天气大多阴雨，有雾的天气基本上是晴好的。

雾也是肉眼可见的。早上的雾，是昨夜地面辐射散热的产物：因为一夜以来，天朗气清，地面热力通畅发散，致使地面层空气内的水蒸汽变饱和而凝成雾滴。可见天气先晴了，然后才有雾的。

凌晨是一昼夜间最低温度发生的时间，温度既然最冷，所以这时候的雾也最浓重。再加上太阳一出，由于紫外线对于空中氧气的照射，使一部分氧气，变成了臭氧。这小量的臭氧会使空中许多微尘，加强吸水能力。因此，使早上的雾幕，顿时加浓。

但是，太阳升高了，热力加强了，地面变得太热，下层空气就要上升，因此雾滴就消散。这样看

来，早上雾的临时加浓，也是因为天空无云，天气晴朗的结果。

晚上天空罩了云，早上地面就没有露水或霜。所以早上出行，不用穿雨鞋。这是因为天空的云，有保护地面散热的作用，晚上有了云，早上就不会很冷，贴地层的水汽就不会凝结成露水或霜，所以地面是干净的。

早上地面掩了一层雾，天气保证是好的，所以尽管洗衣裤好了。雾是晴天的产物，有雾天气，必定是晴天。

雾的种类很多，各种雾的成因也不相同。但是，可以称做大雾且可连续发生三天之多的，大概是辐射低雾，海性雾，或者是热带气

流雾。

辐射低雾发生在高气压中心的晴好天气之下。故有低雾之日，昼温很高，温度高则气压低。若天气连续晴好三四天，本地气压必大量降低，于是别地方的气流，就会向此地吹来，而天气发生变化。

大雾如果发生在海洋气流中叫做海性雾。因为这种气流来自海洋，所以温度特暖，湿度也特大，接着会使本地气压逐渐降低，而发生天气变化。

秋冬时节，常有热带气流吹到北方来。因为这时候地面冷，所以贴近地面的空气也变冷而有雾出现。这叫做热带气流雾。热带气流盛行了三四天，本地必定暖湿非常，气压也变低了，接着天气就发生变化了。

"早雾阴，晚雾晴"是指白天有雾。在晴好无云的天气，太阳很好，地面很暖，气流只有上升成云，决不可能静息地面而成雾。现在白天有雾出现，显然天空有云，日光不现，此即阴天的景象。白天的雾，还有一种可能，就是气旋里面、暖锋面上的云系下降着地的低层云，这是气旋中心区域的天气，

水乡晨雾

当然是阴雨天气就在跟前了。晚雾晴，晚雾相当于夜晚和清晨有雾，必是晴天。

冬雾雪

而"春雾日头，夏雾雨；秋雾凉风，冬雾雪"是指春季天气还冷，在晴天无云的时候，晚上更冷。大气冷而重的，沉着在地面，暖而轻的，浮在上空，造成气温向上逆增的现象。于是地面水蒸汽最先凝结成雾，再向上发展；但是高空温度比较暖些，水蒸汽也比较少，所以雾的发展，只限于地面的薄层。

它的高度不过几丈，最低的只不过人体那般高。到了天晓以后，太阳出来，因为天空本来无云，地面热了，雾气上升就消散了，天空依然是强盛的日光。这就是"春雾日头"的解释。但是，如果这上升的雾气，给高空或有的温暖气层遏止着不得上升，那么，这雾幕就成层云的状态陈列在天空，天气也就阴了。所以"春雾日头"并非必然。

夏季天气很热，昼长夜短，在一个晚上，不可能使地面层空气冷却到可以凝雾的程度，所以在晴明的夏天，是不可能有雾的。

假使夏天有雾出现，可能是由于天空有云，低层湿重，阳光衰弱，地面增暖不强，气流无上升运动，这是气旋天气的景象。所见的雾，也许就是气旋里面的低云，所以要下雨了。

秋冬两季的雾和春天一样，也是晴天的产物，所以白天的天气，还是好天气多，理由和"春雾日头"相同。不过秋冬的阳光已不及春天强，所谓"秋霜凉风，冬雾雪"可能是在南下高气压前部，因为冷空气和本地比较暖和的空气相混合常发生雾。

在高气压刚来的时候，风力相当大，冬天还可下雪。如果在高气压的中央区域，白天还可有下沉西风。

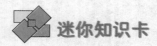

迷你知识卡

冰 晶

是水汽在冰核上凝华增长而形成的固态水成物。冰晶的雪花开成时的必要介质，它以一些尘埃为中心从而与水蒸气一起在较低的温度下形成一个像冰一样的物质，在冰晶增长的同时，冰晶附近的水汽会被消耗。所以，越靠近冰晶的地方，水汽越稀薄，过饱和程度越低.这样就会形成冰花，下到地上来就成了雪花了。另外冰晶也可以指制冷设备中使用的蓄冷液。

龙卷风

是在极不稳定天气下由空气强烈对流运动而产生的一种伴随着高速旋转的漏斗状云柱的强风涡旋。龙卷风的破坏性极强，其经过的地方，常会发生拔起大树、掀翻车辆、摧毁建筑物等现象，甚至把人吸走。

龙卷风

第2章 凌空观云
——那些怪诞的云与雾

1. 对流层中最高的云
2. 美丽的云彩
3. 人工让云彩飘雪
4. 凌空观云
5. 怪诞云雾
6. 浓雾灾害
7. "温柔杀手"
8. "雾闪"污染电线

◼ 对流层中最高的云

在大气的最高处，蓝天中飘浮着纤维状的白云，平均高度超过6千米，经常覆盖地球20%的面积，气象学称之为卷云。

科学家认为卷云对于全球辐射过程和地球热量平衡起着至关重要的作用，但遗憾的是，目前全球对卷云探测的资料远不能满足建立全球气候模型的需要，主要原因是由于卷云薄如轻纱，难以探测。

我国科学家在神舟飞船上用中国科学院上海技术物理研究所自主研制的仪器，成功的探测到中国大陆和临近海域上空的典型卷云数据。

卷云是高云的一种，是对流层中最高的云。所以清晨当太阳还没有升到地平线上或傍晚太阳已下山后，光线都会照到这种孤悬高空而无云影的卷云上，经过散射后，显现出漂亮的红色或橘红色的霞景，在夏日的晴空中十分常见。

卷云

漂亮的卷云

卷云的成分多以微小冰晶形态出现，云体呈白色，也因为含有冰晶，所以看起来较透明也较亮，通常不减弱日、月光，蓝天中的云丝会更加洁净，有蚕丝般的光泽。只有云体厚密部分，才使日、月光有所减弱。

卷云云层通常不厚，且细致而分散，呈现一丝丝的、具有纤维组织的云彩，像羽毛、头发、乱丝、或马尾，姿态很多，相当有趣。分离散处的云，纤维结构明显，白色有丝绢光泽，临近日出日落时，有鲜明的黄色或红色，黑夜则呈灰黑色。

卷云因为云层太高，即使生成小水滴，下降过程中很容易蒸发，不会抵达地面，故在地面上不会感到下雨，象征一整天都会是晴朗的好天气。

卷云也可以在海拔比较低的寒冷地区存在。在这样的高度上，空气温度很低且水汽很少，云由细小且稀疏的冰晶组成，故比较薄而透光性较好，洁白而亮泽，常具丝缕结构。

卷云形成的原因多样，或由于高空对流而形成，往往带有积云的形状；或由于卷层云边缘展裂面成；或由于高积云抬升转化而成；或由高积云所降雪幡残留空中而成；可见卷云形成的途径是多样的。

已形成的卷云由于所下降的冰晶通过温、湿、风等不同的气层，也会表现为各种形态。分散个体常呈丝缕状、马尾状、羽毛状、钩状、团簇状和片状等多种形态。

由于卷云薄，阳光和月光可以轻易的通过，因此，作用在冰晶上的光线产生许多奇妙的现象，包括晕圈。

◪ 美丽的云彩

在没有风的时候，天空是那种明媚的半晴天，一朵朵洁白的云彩从蔚蓝的天空上缓缓飘过。不论是谁，抬头看着这样的情景，都会心生喜悦。

云彩的美丽因为地域环境的不同而有很大的差异。北方的云彩与南方的

不同，高山之巅的云彩与大草原上的云彩也不相同，乡野的云彩与城市里的云彩更加不同。

云南丽江的玉龙雪山。它是北半球最南的大雪山，高山雪域风景位于海拔4 000米以上，主峰海拔5 596米。蓝天下的雪山，云蒸霞蔚，玉龙时隐时现；碧空如洗，群峰晶莹耀眼；云带束腰，云中雪峰皎洁，云下山峦碧翠；雪峰仿佛披上了红纱，娇艳无比。站在雪山之上，实在分不出哪儿是云哪儿是雪，是山在摇还是云在飘。

云为雪山增添了无尽的神奇

玉龙雪山

色彩。雪山不仅巍峨壮丽，而且随季节的更替、阴晴的变化而风景各异。时而云雾缭绕，雪山乍隐乍现，好似犹抱琵琶半遮面的美女；时而山顶云封，看似神秘莫测；时而上下俱开，白云拦腰围绕，别具一番风姿；时而碧空万里，群峰如洗，闪烁着晶莹的银光。

在这里，云彩成为了一个艺术大师，稍微的变化，就让雪山变化出另一种风景。

泰山的云彩与玉龙雪山的云彩就截然不同了。它没有雪山之巅的云彩那般的千变万化，但是，却独有雪山所没有的云海波涛。

南方的云彩

那里的云彩被称为云海。云海多出现在泰山的夏秋两季。夏季多云雨，云海时隐时现。当云海与山风同时出现时，还会形成漫过山峰的"爬山云"和顺坡奔流直泻的"瀑布云"。

但凡登泰山的人，都会盼望着能够在山顶欣赏到泰山有名的日出奇观。这样的机会，就要感谢泰山的云海。没有云海的出现，就不会有壮丽的日出。我曾经有两次机会目睹过泰山的日出。山顶之上，云海沸腾，一轮红日冉冉升起。

庐山的云彩更加奇异，人们称为庐山云雾。因为，在庐山，究竟哪里是云哪里是雾是很难分别的，云和雾纠结缠绕在一起，人们就干脆称为云雾了。山上产的茶，当地人也命名为"庐山云雾"。

南方的云彩与北方的云彩是不同的，北方的云彩就如北方的男人，厚重而深沉，大气而豪迈，一来往往就是雷霆万钧，气

大草原的云彩

势磅礴。南方的云彩颇像南方的女人，水灵而活泼，灵巧而优雅，来时也是斜风细雨，淅淅沥沥。

在乡村的旷野里看云彩，实在是一种难得的享受。大片大片的云彩在蔚蓝的天空上飘浮，那种闲适和悠然，尘念顿消。

在大草原上看云彩就更是一种人生的境遇了。洁白的云彩高悬在碧绿的草原之上，一群群的牛羊在草原上悠闲地踱步，牧民的蒙古包像一个个可爱的蘑菇。

云彩给了我们太多的想象和灵感。

没有早晨的云彩，我们哪里会有充满希望的朝霞满天？没有傍晚的云彩，我们哪里还会有"夕阳无限好，只是近黄昏"的晚霞之美？

■ 人工让云彩飘雪

自古以来，老天爷一直是高兴下雪就下雪，不高兴就不下。有没有办法使老天爷根据人类的需要，让它下雪就下雪呢？

办法是有的，这就是人工降雪。

天上的水汽要变成雨雪降下来必须具备两个条件，一个是必须有一定的水汽饱和度，另一个是必须有凝结核。因此，人工降雪首先必须天空里有云，没有云就像巧妇难做无米之炊一样，下不了雪。

能下雪的云，零摄氏度以下

飘雪

飘雪

的"冷云"。在冷云里，既有水汽凝结的小水滴，也有水汽凝华的小雪晶。但它们都很小很轻，倘若不存在继续生长的条件，它们只能像烟雾尘埃一样悬浮在空中，很难落下来。

我们在冬天里经常能看到大块大块的云彩，就是不见雪花飘下来，因为组成这些云彩的雪晶太小，克服不了空气的浮力，降水能力很差。如果在云层里喷撒一些微粒物质，促进雪晶很快地增长到能够克服空气的浮力降落下来，这就

是人工降雪的功劳。

喷洒什么物质能够促使雪晶很快增长呢？早期，人们各显神通采用过许多有趣的方法。这些方法主要有：在地面上纵火燃烧，把大量烟尘放到天空里；用大炮袭击云层；利用风筝高飞云中，然后在风筝上通电，闪放电花；乘坐飞机钻进云层喷洒液态水滴和尘埃微粒。但是，这些方法的效果都很不理想。

直到1946年，人们才发现把很小的干冰微粒投入冷云里，能形成

数以百万计的雪晶。当年11月，有人在飞机上把干冰碎粒撒到温度为负20摄氏度的高积云顶部，结果发现雪从这块云层中降落下来。

现在常用碘化银来人工降雪。把碘化银微粒撒在降水能力较差的云层里，使它"冒名"顶替雪晶，便能让云中的水汽和小水滴在"冒名"的晶体上凝华结晶，变成雪花。

怎样把这些凝结核散布到云层中呢？现代人大多使用大炮，把化学药品装在炮弹里，然后用大炮发射到云层里去的。不过这种方法喷撒不均匀，药品浪费较大，增加了人工降雪的成本。还有人把它们装在土火箭里，让火箭飞到云里去喷撒。

一般来说，人工降雪比人工降雨的成功率更大。人工降雨可以增加大约20%的雨量，而在高山高寒地区，人工降雪却能增加30%～40%的降水量。这是因为高山高寒地区，温度低，水汽容易达到饱和状态，同时，雪晶比雨滴更容易形成。只要人工给大气增加一些结晶核，比较容易促进降雪。

◤ 凌空观云

在飞机上观赏云海，能看在地面看不到的云层美景。飞机钻入浓得化不开的厚厚的云海雾幛之中，嘶鸣着、

凌空观云

颠簸着，机翼划开不断缠绕的浓云，前行着、爬升着。

飞机钻出浓稠厚重的云层，金灿灿的阳光霎时洒满机舱。从地面看天空是灰蒙蒙的一片，从高空往下看，却是满地铺着纯洁无瑕的厚厚的白纱。

那种白，那种净，那种纯粹，那种大气磅礴，浩瀚浑雄，让人心灵发颤！我们一会儿像在浩瀚无际的棉山上行走，一会儿又像飞行在熔银般的山河峡谷中，一会儿又像是横跨漫天皆白、苍茫雄奇的雪域高原，一会儿，又像是进入一个美妙的童话世界！

细看那云，有的如雪峰叠嶂，峥嵘峻峭；有的如峡谷纵横，深邃莫测；有的如棉山叠出，厚重丰饶；有的如神仙牧羊，滚滚而动。有的云迤逦洒脱，有的云变幻莫测，有的云落落大方，有的云婉媚娇羞，有的云诡谲旖旎，有的云绮丽天造，有的云有如一群至柔至美的处女款款而来，有的云好似一群行侠仗义之士，挥动着落雪神剑横空出世。真是仪态万千，让人心醉神迷。也曾坐过几次飞机，却不曾见到如此美妙、如此动人心魄的高空丽云。

古人的想象力太差。"云翻一天墨"的诗句仅仅看到云的一面，"云生三边外"更是狭隘得可以，"山中何所有，岭上多白云"忒有些小儿科，杜甫那句"天上浮云似白衣，斯须改变苍如狗"的描绘也不过尔尔，谁写的"云山苍苍，江水泱泱"和李白的"云山海上出"才多少

观赏云海

凌空观云

沾了点边儿，难为了古人，谁叫他们没坐过飞机呢！就是现在常坐飞机的人，也不见得常遇如此瑰丽神奇的云景吧！

飞机在云层上方平稳地飞行着。舍不得这幅美景，眼睛也一直未曾离开过这勾魂摄魄的云。近瞅远望，依然浩淼烟波，波澜壮阔。在太阳照射下，那云太白太白，白得让人目眩；太纯太纯，纯得让人羞愧；太美太美，美得让人心醉！它足以过滤人心底的任何龌龊的东西，使心中升腾起一种本真的、纯净的柔情和一股排募奔肆的豪气。

当云团漏出一些间隙，可以看到田畴、楼舍、飘带似的黄河、黑亮如丝的公路。再走，下面白云朵朵，上面蓝天清澈，大地阳光辉照，处处江山如画，真是"云日相辉映，空水共澄鲜"啊！这不是神仙在天空挥洒出的一幅美轮美奂的大写意图画吗？

◪ 怪诞云雾

除了UFO，天空中还有许多难以解释的现象。几百年来，有些

观赏云海

云雾形迹诡秘，有些甚至看上去很普通的云雾却会攻击人，有些还致人神秘失踪。

其中有一种"逆风而飘的云"就很神秘莫测。除了气象学家，最清楚云的行迹的恐怕要数水手了。

1870年3月22日，英国"海上夫人"号船的航行日志记录下一片不寻常的云：根据报道，船员们发现一片圆形的云被分成5部分，其中的一部分是个半圆，另外四个部分共同组成了另一个半圆。

惊呆了的船员盯着它从地平线上方20°的地方上升到地平线上方80°的地方，这片云飘得很缓慢，而且是逆风而行。最后因天黑了下来，对这片怪云的观察也就结束了，许多人怀疑，这种云很可能是一种飞行器。

有神秘阴影的云也是怪诞云雾中的一份子。云朵上有一块块黑斑是正常的，但是，1912年4月8日的英国《自然》杂志上报道，在英国的威尔特郡，目击者看到了一块云上的三角形或扇子形的黑斑，这些黑斑会跟着一片云一段时间，之后

又快速地跑到后面的另一片云上，

有人认为这些黑斑可能是一些飞行器。

一年之后的1913年4月8日的美国《天气回顾》报道，目击者在美国德克萨斯州发现了一片附有神秘阴影的云，这个阴影形状奇怪，而且还会随着太阳的移动而移动。

据说这是另一块云在阳光的照射下投射到这片云上的阴影，所以这个阴影会随着太阳的移动而移动。

还有的云会下怪雨，从云中落下雨、雪或冰雹等都是很正常的现象，但是，从云中落下小动物等生物就很不寻常了

1932年的一期美国《科学》杂志，报道了一件发生在1897年的事，目击者看到一片有些发光的积雨云从美国明尼苏达州上方飘过，正当这个时候，下起了昆虫雨，每平方米的地面上聚集了近1 000只昆虫。

同年，在意大利的曼瑟罗塔，血红色的云降下了一阵种子雨，而这些种子当地人都不认识。动物雨好像是经常见到的报道，例如曾有过蛤蟆雨、海藻雨等报道。关于生物云、生物雨的解释是，龙卷风把

浓雾灾害

浓雾笼罩机场

这些生物卷到了天上，飘到另一些地方后落了下来。

会袭击人的云也让人摸不着头脑，1975年夏天的一个早晨，美国长岛牡蛎海湾的一位老师有一段很神奇的经历。

据他描述，就像在童话里一样，他被一块黑云跟踪了，当时他正要钻进汽车，突然看到一片篮球场那么大的黑云在他房子的上方飘来飘去，慢慢地扩展着，还变换着各种形状，从小球形到大卵圆形，再到很复杂的形状，最后变成约2米高、0.5米宽的气柱形。

他正惊讶地盯着云看，只见这时，黑云好像露出了嘴唇，看起来像是深吸了一口气，之后向他和他的汽车喷出一股水柱，他和车顿时就湿透了，不一会，喷水结束，云也不见了。

浓雾灾害

在人类所了解的宇宙范围内，地球是唯一具有美丽的蓝色外表的星球。之所以呈蓝色，是因为地球裹着厚厚的大气层。

众所周知，人类和动植物都需要空气，没有空气就只有死亡。

地球大球大气是生命的源泉，然而大气在养育生命的同时，也会对我们的生命、财产造成直接或间接的危害，这种危害我们称之为气象灾害。气象灾害是一种原生的自然灾害，其主要有暴雨以及由其引发的洪涝、干旱、台风等热带气旋、沙尘暴、霜冻寒潮、浓雾等。灾害学把气象灾害分成7大类20余种。浓雾是其中一种较平和的灾情。虽然大雾不如狂风暴雨那样来势凶猛，也没有干旱那样持久危害，但是它作为一种出现频率高、区域广的气象灾害，对我国的国民经济和人民生活都造成了不小的损害。近些年来的统计资料表明，大雾的出现频率、持续时间和浓密程度都有逐年提高的趋势，浓雾导致机场、高速公路、港口关闭的情

浓雾阻碍交通

况不时见诸报端。

国外权威统计表明，飞机失事大多发生在起飞、着陆两个阶段，其中由于气象原因为主的事故占50%以上，而大雾又是主要的气象原因。

"温柔杀手"

浓雾不像风雨雷电那样惊心动魄，而是以"温柔杀手"的形式给社会经济和人民生活带来许多的不利影响和危害。

人类在工业生产活动中排放的粉尘、二氧化硫、烟粒以及汽车尾气等污染物，成为雾的凝结核，使

空气中的有害物质：酸、胺、酚、苯、重金属微粒及病原微生物等的含量，比没有浓雾的天气里要高出几十倍。特别是受工业污染较重的区域，人们在这种有害烟雾中活动，健康势必受到影响。

大雾会使空气的能见度降低，视野模糊不清，很容易引发交通事故、空难和海难。在公路上出现大雾，不仅会造成交通阻塞，甚至发生汽车追尾事故，尤其是在山区公路和高速公路上。

据统计，高速公路上因雾等恶劣天气造成的交通事故，大约占总事故的四分之一。对于航空影响更大，遇有大雾，须临时关闭机场，影响飞机的按时起飞和降落，甚至造成飞机失事。在江河湖海上出现大雾，可影响船只正点出航或晚点，甚至因看不见信号灯、航标或其他航行的船只，造成船只相撞、触礁事故。

"雾闪"污染电线

浓雾还会使电线受到"污染"，引起输电线路短路、跳闸、掉闸等故障，造成电网大面积断电，这种现象在电力部门叫做"雾

浓雾阻碍交通

闪"。"雾闪"可以很快影响使电力机车停运、工厂停产、市民生活断电。

雾对农业有不利影响

沿海地区的平流雾中含有大量盐分，遇到输电线路上的绝缘瓷瓶，盐分便会大量聚积，引发雾闪现象，从而也易造成断电事故。

雾对农业生产也有不利影响。长时间的大雾遮蔽了日光，妨碍了农作物的呼吸，使作物对碳水化合物的储量减少。多雾的地区，日光照射时间不足，会使作物延迟开花，生长不良，从而影响产品的质量和产量。每年山东半岛沿海一带小麦扬花期间，是海雾的多发期，遇上几天持续的海雾，常导致小麦锈病的发生，严重时会减产2至3成。

研究表明，重庆地区酸雨及酸雾的分布和马尾松林衰亡程度的分布都是十分一致的。对马尾松林来说，酸雾的危害甚至比酸雨还重。

城市气候学指出，大城市的热岛效应使城区的空气相对湿度偏低，不过城市中吸市湿性烟霾污染微粒却是很好的水汽凝结核，这种含有大量二氧化硫等的污染气体，与水汽结合形成的酸雾，对建筑有很大的腐蚀作用。

如罗马等欧洲、美洲城市的建筑浮雕、石雕、铜像等，长年受到腐蚀，面目变色、变脏，甚至轮廓不清晰。

瀑布云

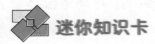 **迷你知识卡**

爬山云

气象名词，方言，四川人称"爬山云"。多出现在地形复杂的山区，此种云雾现象成因是强烈的对流造成的"云速的高速运动"，在物理学相对运动原理中，常给山区飞行的飞机带来飞行困境。

瀑布云

这是一股气势宏大的快速云流，迅猛磅礴，澎湃汹涌。瀑布云来时，似天幕下落，如长练垂地，瞬间把大月山、日照峰纳入了自己的怀抱，天池山像飘荡在云流中的孤舟，时隐时现，景致异常壮观。

科学工作者特别对小天池瀑布云作了探究，认为这是地形独特，山地高峻之故。它的南坡下临鄱阳湖，丰沛的降雨和湖中水汽上升，使其在高寒温度下成为层积云。小天池一带偏东南风，云雾在风力的吹动下，促涌成强劲的云流，漫过山野，俯冲谷底，倒挂成飞流直下的瀑布云。所以小天池成为观瀑布云的极好去处。

第3章 云海
——千姿百态的云雾奇观

1. 黄山第一奇观
2. 云雾之乡
3. 峨眉山云海
4. 不识庐山真面目
5. 有云的类地星球
6. 涡旋云系
7. 不同云层上掉下的雨滴
8. 并不是每一朵云都会下雨

◥ 黄山第一奇观

云海是黄山第一奇观，黄山自古就有云海之称。黄山的四绝中，首推的就是云海了，由此可见，云海是装扮这个"人间仙境"的神奇美容师。山以海名，谁曰不奇？奇妙之处，就在似海非海，山峰云雾相幻化，意象万千，想象更是万万千千。

按地理分布，黄山可分为五个海域：莲花峰、天都峰以南为南海，也称前海；玉屏峰的文殊台就是观前海的最佳处，云围雾绕，高低沉浮，"自然彩笔来天地，画出东南四五峰"。狮子峰、始信峰以北为北海，又称后海。

狮子峰顶与清凉台，既是观云海的佳处，也是观日出的极好所在。空气环流，瞬息万变，曙光初照，浮光跃金，更是艳丽不可方物。

白鹅岭东为东海，于东海门迎风伫立，可一览云海缥缈。丹霞

黄山狮子峰

黄山云海

峰、飞来峰西边为西海，理想观赏点乃排云亭，烟霞夕照，神为之移。光明顶前为天海，位于前、后、东、西四海中间，海拔1 800米，地势平坦，云雾从足底升起，云天一色，故以"天海"名之。

黄山每年平均有255.9个雾日，一般来说，每年的11月到第二年的5月是观赏黄山云海的最佳时间段，尤其是雨雪天之后，逢日出及日落之前，云海必定最为壮观。希望我们的网友们到黄山也能一饱眼福。

黄山云海不仅本身是一种独特的自然景观，而且还把黄山峰林装扮得犹如蓬莱仙境，令人置身其中，神思飞越，浮想联翩，仿佛进入梦幻世界。

当云海上升到一定高度时，远近山峦，在云海中出没无常，宛若大海中的无数岛屿，时隐时现于"波涛"之上。

贡阳山麓的"五老荡船"在云海中显得尤为逼真；西海的"仙人踩高跷"，在飞云弥漫舒展时，现出移步踏云的奇姿；光明顶西南面的茫茫大海上，一只惟妙惟肖的巨龟向着陡峭的峰峦游动，原来那

"龟"是在云海上露出的山尖。

唯有飘忽不定的云海在高度、浓淡恰到好处时才能产生如此奇妙的景象，对旅游者来说，这是一种奇巧美的幸运偶遇。霞海出现时，则天上闪烁着耀眼的金辉，群山披上了斑斓的锦衣，璀璨夺目，瞬息万变。

云海表现出来的种种动态美，大大丰富了山水风景的表情和神采。黄山的奇峰、怪石只有依赖飘忽不定的云雾的烘托才显得扑朔迷离，怪石愈怪，奇峰更奇，使它们增添了诱人的艺术魅力。

黄山峰石在云海中时隐时现，似真似幻，使人感到一种种奇幻缥缈的仙境般的美。云海中的景物往往若隐若现，模模糊糊，虚虚实实，令观者捉摸不定，于是产生幽邃、神秘、玄妙之感，给人一种朦胧的美。

峰石的实景和云海的虚景绝妙的配合，一片烟水迷离之景，是诗情，是画意，是含而不露的含蓄美。

它给人留有驰骋想象的余地，能引起游人无限的冥想和遐思。烟云飘动，山峰似乎也在移动，变幻

美丽的黄山云海

黄山云海

无常的云海也势必会给风景美造成"象皆不定"的变异性。行云随山形呈现出多姿的运动形态，山形则必然与行云发生位移而活，它们既对立而又统一，动由静止，静由动活，不可分割。

这种动静交错转化，就是美学上形式多样统一的表现之一，也是我们的美感源泉之一。因此，我们旅游时，应该学会从动静对比，虚实相济，变化和统一等方面把握云气景色的美。其日出和日落时所形成的云海五彩斑斓，称为"彩色云海"，最为壮观。

黄山地处皖南山区的中部，地形崎岖，幽壑纵横。景区内海拔1 400米以上的山峰众多，而莲花峰、光明顶、天都峰三大高峰都在海拔1 800米以上，且黄山主要游览景点大多在海拔1 600米左右，因此，在气候条件适宜的情况下，游客即可较为容易的观赏到这一奇观。

黄山周边的枯牛降、清凉峰、齐云山都可看到云海，但以黄山云海为最奇。云海也是黄山四绝之一。

神奇奥妙的黄山云海

◢ 云雾之乡

云海的形成，有其原因和规律。黄山山高谷低，林木繁茂，日照时间短，水分不易蒸发，因而湿度大，水汽多。雨后常见缕缕轻雾，自山谷升起。全年平均有雾天250日左右，真可谓云雾之乡。

黄山云海是由高度低于2 500米的低云和地面雾形成的。低云主要是层积云，这是其特点。黄山每年11月至次年3月间，有97%的云海由层积云形成，只有3%由层云或雾形成。6至9月，有淡积云和浓积云形成的云海，约占这个时期云海总数的6%。

冬、春季节，大气中低层的气温低，层积云的凝结高度低约在800～1 200米之间，冷空气活动频繁。过程性天气活动明显，在雨雪天气后，常出现大面积的云海，尤其是壮观的云海日出。

入夏后渐进梅雨季节，随着气温升高，云的凝结高度升到1 500米左右，云层高度超过或接近大部

壮观的云海

分峰顶，这时候云雾笼罩，不易看到云海。

7月至8月份，为黄山盛夏，这段时间常受太平洋副热带高压控制，气温上升，低云的凝结高度也上升到全年的最高度。山的阴面，湿度大，容易形成对流。

上午到午后，山头周围常有淡积云和浓积云形成，但由于云层高于峰顶，因而云海少见。在傍晚或早晨，偶而可以看到由积云、层积云形成的云海，但由于环流影响，极易破坏，云海维持的时间较短。

入秋以后，约9月至10月份，由于北方冷空气的影响，气温下

云海雪景

降，低云的凝结高度也随之下降。冷空气过后，常出现层积云较高的大面积云海。

黄山云海，特别奇绝。黄山秀峰叠嶂，危崖突兀，幽壑纵横。气流在山峦间穿行，上行下跃，环流活跃。漫天的云雾和层积云，随风飘移，时而上升，时而下坠，时而回旋，时而舒展，构成一幅奇特的千变万化的云海大观。

黄山云海转瞬之间，波起峰涌，浪花飞溅，惊涛拍岸。尤其是在雨雪之后，日出或日落时的"霞海"最为壮观。太阳在天，云海在下，霞光照射，云海中的白色云团、云层和云浪都染上绚丽的色彩，像锦缎、像花海、像流脂、美不胜言。

从美学角度观察，黄山云海妙在似海非海，非海似海。其洁白云雾的飘荡，使黄山呈现出静中寓动的美感。正是在这种动静结合之中，造化出变幻莫测，气象万千的人间仙境。

峨眉山云海

峨眉山的云海，是由低云组成的，上半年层以积云为主，下半年以积状云和层积云相媾而成；峨眉山的雾日年平均为322天，甚至多达338天；这低云多雾汇成的云

云海日出

庐山雾

海，所以和其他地方的云海就大不相同了。

峨眉山的七十二峰，大多是在海拔2 000米以上，峰高云低，云海中浮露出许多岛屿，云腾雾绕，宛若佛国仙乡；云涛人才辈出卷，白浪滔滔，这些岛屿化若浮舟，又像是"慈航普渡"。

◩ 不识庐山真面目

古往今来，人们提到庐山，常常把它和云雾连在一起。苏轼的名句"不识庐山真面目"，更使游客对庐山云雾产生了神秘感。

清代一位学者，为了探求庐山云雾的奥秘，曾在庐山大天池整整观看云海100天。他对"一起千百里，一盖千百峰"的庐山云雾"爱如性命"，

自称"云痴"，恨不得"餐云""眠云"，可见庐山云雾是多么令人心醉。

的确，庐山云雾，瞬息万变，趣味无穷。游客乘车登山，刚刚在九江看到的山间云，转眼间变成弥漫窗外的浓雾。雾来时，风起浪涌；雾去时，飘飘悠悠。雾浓时，像帷幕遮住了万般秀色；雾稀时，像轻纱给山川披上了一层飘逸的外衣。

庐山雾，对山镇牯岭特别有感情，一年365天，有197天与它朝夕相处。庐山雾时而冉冉升起，使人终日不见庐山真面目；时而雾气团团相衔，浮游荡漾。牯岭一半隐进仙境，一半留在人间。

庐山云雾中最壮观的要算云海。庐山云海一年四季都可看见，尤其是春秋两季最美。每当雨过天晴，站在"大天池"等处俯瞰，只见万顷白云转眼间汇成一片汪洋大海。云海茫茫，波涛起伏，青峰秀岭出没在云海之上，变成了云海上的小岛。特别是太阳照耀下的云

海，更是绚丽动人。

雨后的夕阳如同一轮火球，燃烧在云絮翻飞的银涛雪浪之上，将云絮染上斑斓的色彩。微风吹拂，云絮好像仙女手中的彩练；又如万朵芙蓉，竞相开放。

这神奇的庐山云雾是从哪儿来的呢？原来庐山峰峦林立，峡谷纵横，构成了云雾滋生的天然条件。

而江湖环绕的地理位置，又为庐山提供了生成云雾的充足水汽，水汽一旦碰上空气中的尘埃，就成了小水滴。数不清的小水滴就形成了美丽神奇的庐山云雾。

有云的类地星球

◥ 有云的类地星球

据英国媒体报道，法国拉普拉斯学院的科学家在太阳系外20光年处发现的一颗红矮星被证实拥有与地球类似的环境。这是科学家首次以绝对肯定的态度声称找到一颗"环境宜人，适合人类移居"的星球。

据介绍，这颗行星名叫"格里泽581d"，位于一个比较寒冷星系的外延地区，而它的大气层相对比较温暖，这样的环境刚好使它能够拥有液态水。之前，科学家曾在同一个星系发现一颗名为"格里泽581g"的红矮星，但这颗星球的具体环境目前尚不得而知。

日前，法国科学家通过在计算机上模拟"格里泽581d"的大气，推断出其中可能含有浓度极高的二氧化碳。他们认为这样的环境恰好能保证星球上有液态水海洋、云层和降水现象。

不过，"格里泽581d"的大气层比较浓密厚重，星球还被笼罩在一片红光中，科学家目前还不能排除其大气层含有有毒气体的可能性。

一位名叫罗宾·华兹华斯的

科学家介绍，他们的发现进一步证明，太阳系外的星球环境与太阳系内完全不同，前者更加多样化；如果要寻找人类的第二个家园，触角还是要伸到太阳系外才行。

华兹华斯还表示，之前虽然数次传出发现类地星球的消息，但是学界对此一直意见不一。然而，从目前收到的反馈看来，几乎所有的天文学者都认为"格里泽581d"是一颗真正意义上的"与地球相似的星球"。不仅如此，"格里泽581d"离地球相对较近，科学家希望在不远的未来能够踏足该星球寻找生命。

◪ 涡旋云系

处于成熟阶段的台风云系，在台风眼区，由于有下沉气流，通常是云淡风清的好天气，如果由于下沉气流而有下沉逆温出现，且低层水汽又充沛时，则可在逆温层下产生层积云。

台风眼外围的环状云区，称为台风云墙或眼壁，其宽度为20至30千米，高度达15千米以上，它主要由一些高大的对流云组成，具有强烈的上升运动，云墙下经常出现狂风暴雨，这里是台风内天气最恶劣的区域。

在云墙内，因为一般情况下只有上升气流而无下沉气流，和积雨云内部常有剧烈的上升和下沉气流相互冲击的情况并不一样，因此云墙内很少出现强烈的乱流扰动和雷暴现象。而只有在远离台风中心，处于台风外围的气旋性区域里或台风槽中，出现雷暴较多。

云墙区的强烈对流活动所导

致的大量凝结潜热释放,对台风暖心的形成有着重要的作用。台风眼壁一般是随高度增大而向外倾斜的,至高层变成准水平。

眼壁倾斜主要是由温压场结构决定的,与对流活动的强烈密切相关,对流活动强的云墙内壁在低层几乎是垂直的。台风越强,眼壁的坡度越陡。

与眼壁相联系的是呈螺旋状分布的云雨带,称为螺旋云雨带。降水的带状结构也是台风的重要特征之一。在台风中常常可观测到一条或几条螺旋云带从外围旋向中心云区。

此外,在云带之间常出现较薄的层状云或云隙。在螺旋云带和层状云的外缘,还有塔状的层积云和浓积云。

特别是在台风前进方向上,塔状云更多,且云体往往被风吹散,成为"飞云"。在台风边缘,则多为辐射状的高云和积状的中低云,偶尔也有积雨云。

涡旋云系示意图

■ 不同云层上掉下的雨滴

不同的云中能产出不同的雨,在大气对流运动引起的降水现象,习惯上也称为对流雨。近地面层空气受热或高层空气强烈降温,促使低层空气上升,水汽冷却凝结,就会形成对流雨。对流雨来临前常有大风,大风可拔起直径50厘米的大树,并伴有闪电和雷声,有时还下冰雹。

对流雨主要产生在积雨云中,积雨云内冰晶和水滴共存,云的垂直厚度和水汽含量特别大,气流升降都十分强烈,可达每秒20至30

米，云中带有电荷，所以积雨云常发展成强对流天气，产生大暴雨，雷击事件，大风拔木，暴雨成灾常发生在这种雷暴雨中。

淡积云，云层薄，含水量少，一般有雨落到地面。浓积云在中高纬度地区很少降水，但是在低纬度地区，因为含水量丰富，对流强烈，有时可以产生降水。

对流雨以低纬度最多，降水时间一般在午后，特别是在赤道地区，降水时间非常准确。早晨天空晴朗，随着太阳升起，天空积云逐渐形成并很快发展，越积越厚，到了午后，积雨云汹涌澎湃，天气闷热难熬，大风掠过，雷电交加，暴雨倾盆而下，降水延续到黄昏时停止，雨后天晴，天气稍觉凉爽，但是第二天，又重复有雷阵雨出现。

在中高纬度，对流雨主要出现在夏季半年，冬半年极为少见。

气流沿山坡被迫抬升引起的降

对流性降水

水现象，称地形雨。地形雨常发生在迎风坡。在暖湿气流过山时，如果大气处于不稳定状态，也可以产生对流，形成积状云；如果气流过山时的上升运动，同山坡前的热力对流结合在一起，积云就会发展成积雨云，形成对流性降水。

在锋面移动过程中，如果其前进方向有山脉阻拦，锋面移动速度就会减慢，降水区域扩大，降水强度增强，降水时间延长，形成连阴雨天气，持续可在10至15天以上。

◥ 并不是每一朵云都会下雨

在世界上，最多雨的地方，

气旋雨

常常发生在山地的迎风坡，称为雨坡；背风坡降水量很少，成为干坡或称为"雨影"地区。如挪威斯堪的那维亚山地西坡迎风，降水量达1 000–2 000毫米，背风坡只有300毫米。

我国台湾山脉的北、东、南都迎风，降水都比较多，年降雨量2 000毫米以上，台北火烧寮达8 408毫米，成为我国降水量最多的地方。一到西侧就成为雨影地区，降水量减少到1 000毫米左右，夏威夷群岛的考爱岛迎风坡年降水量12 040毫米，成为世界年降雨量最多的地方。印度的乞拉朋齐年降水量11 418毫米，也是因为位于喜马拉雅山南麓的缘故。

锋面活动时，暖湿空气中上升冷却凝结而引起的降水现象，称锋面雨。锋面常与气旋相伴而生，所以又把锋面雨称为气旋雨。锋面有系统性的云系，但是并不是每一种云都能产生降水的。

锋面雨主要产生在雨层云中，在锋面云系中雨层云最厚，又是一种冷暖空气交接而成的混合云，其上部为冰晶，下部为水滴，中部常常冰水共存，能很快引起冲并作用，因为云的厚度大，云滴在冲并过程中经过的路程长，有利于云滴增大，雨层云的底部离地面近，雨滴在下降过程中不易被蒸发，很有利于形成降水。

雨层越厚，云底距离地面越近，降水就越强。

高层云也可以产生降水，但卷层云一般是不降水的。因为卷层云云体较薄，云底距离地面远，含水量又少，即使有雨滴下落，也不易达到地面。

锋面降水的特点是，水平范围大，常常形成沿锋而产生大范围的呈带状分布的降水区域，称为降水带。随着锋面平均位置的季节移动，降水带的位置也移动。

例如，我国从冬季到夏季，降水带的位置逐渐向北移动，5月份在华南，6月上旬到南岭－武夷山一线，6月下旬到长江一线，7月到淮河，8月到华北，从夏季到冬季，则向南移动，在8月下旬从东北华北开始向南撤，9月即可到华南沿海，所以南撤比北进快得多。

锋面降水的另一个特点是持续时间长，因为层状云上升速度小，含水量和降水强度都比较小，有些纯粹的水云很少发生降水，有降水发生也是毛毛雨。

但是，锋面降水持续时间长，短则几天，长则10天半个月以上，有时长达1个月以上，"清明时节雨纷纷"，就是我国江南春季的锋

冷锋与天气

面降水现象的准确而恰当的描述。

台风活动带来的降水现象，称为台风雨。台风不但带来大风，而且相伴发生降水。台风云系有一定规律，台风中的降水分布在海洋上也很有规律，但是在台风登陆后，由于地形摩擦作用，就不那么有规律了。

例如风中有上升气流的整个涡旋区，都有降水存在，但是以上升运动最强的云墙区降水量最大，螺旋云带中降水量已经减少，有时也形成暴雨，台风眼区气流下沉，一般没有降水。

台风区内水汽充足，上升运动强烈，降水量常常很大，台风到来，日降水量平均在800毫米以上，强度很大，多属阵性，台风登陆常常产生暴雨，少则200～300毫米，多则在1 000以上。

我国台湾新寮在1967年11月17日，由于6 721号台风影响，一天降水量达1 672毫米，两天总降水量达2 259毫米，台风登陆后，若维持时间较长，或由于地形作用，或与冷空气结合，都能产生大暴雨。我国东南沿海，是台风登陆的主要地区，台风雨所占比重相当大。

冷锋与天气

梅雨

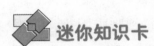
迷你知识卡

梅 雨

指中国长江中下游地区、台湾、日本中南部、韩国南部等地，每年6月中下旬至7月上半月之间持续天阴有雨的气候现象，此时段正是江南梅子的成熟期，故称其为"梅雨"。梅雨季节中，空气湿度大、气温高、衣物等容易发霉，所以也有人把梅雨称为同音的"霉雨"。连绵多雨的梅雨季过后，天气开始由太平洋副热带高压主导，正式进入炎热的夏季。

锋 面

就是温度、湿度等物理性质不同的两种气团的交界面，或者叫做过度带。锋面与地面的交线，称为锋线，也简称为锋。锋面的长度与气团的水平距离大致相当，由几百千米到几千千米，宽度比气团小得多，只有几十千米，最宽的也不过几百千米。垂直高度与气团相当，几千米到十几千米。锋面也有冷暖、移动、静止之分。

第4章 黑雾
——被污染的呛人的雾

1. 伦敦毒雾
2. 呛人的雾
3. 充当杀手的雾
4. 致人失踪的雾
5. 云雾游戏
6. 带电的云
7. 雷雨云的消散
8. 电荷碰撞产生雷电

■ 伦敦毒雾

1952年12月夜间英国伦敦发生大雾,连日不散。这次大雾是在高空一个高气压笼罩下,低层150米为一强逆温层,静风情况下发生的。能见度极低,最低时能见度只有一英尺,真正是伸手不见五指,连自己的双脚也看不见;能见度最好时也不到50米。

浓雾与煤烟结合呈黑色,有时泛黄。有人回忆说:当时正在念小学高年级,学校距家只有一二百米,摸着走路也没有找到校门。整个城市交通瘫痪,工厂,机关,商店,学校,银行,邮局等基本都关门。一个喧闹的城市一下变成了死城,一连几天的浓雾使人心情压抑并带来恐怖感。

浓雾带有很浓的煤烟味和其他臭味,使人感到呼吸困难,呛喉咙,不少人咳嗽,眼,喉红肿,还有不少得了气管炎,支气管炎,哮

毒雾事件

喘，肺炎等呼吸道疾病。据统计，这几天伦敦因上述呼吸道疾病而死亡的人数共4 700多人，减去每年同期因同类疾病死亡的人数，这几天因大雾而引发疾病致死的共4 000人左右。

给动物也戴口罩

在随后的几个月里，又有8 000人因此类疾病而陆续死亡。因此这次毒雾总共造成12 000人死亡。此官方统计结果一公布不仅震惊了英国，也震惊了欧洲。这就是著名的"毒雾事件"。

◩ 呛人的雾

雾，作为一种天气现象，一般是清早出现，午前消散，偶有持续到下午。只有沿海地区遇到海雾持续的时间会更长一些。18世纪起随着工业革命的发展，英国农村人口涌入城市，特别像伦敦这样的大城市，城市人口猛增。同时，在大城市中也建起了许多工厂，包括热电厂，水泥厂，玻璃厂，纺织厂以及各种制造厂。

这些工厂向城市排放了大量的煤烟和粉尘。另一方面，英国的居民在冬天习惯于用壁炉燃煤取暖，这种壁炉燃煤量比我国北方的煤炉要大得多。到19世纪后期伦敦每年的雾日达到70至90天，比19世纪初增加了近10倍，雾的浓度也在加大。

实际上19世纪末的1873、1880和1892年都曾发生过一连几日的大雾。人们开始把伦敦称为"雾伦敦"或"雾都"。

英国作家狄更斯在他的著名

小说"荒凉山庄"等书中就对伦敦当时的大雾做过不少描叙。20世纪30年代我国著名作家老舍客居伦敦时，描叙伦敦的雾："乌黑的，浑黄的，绛紫的以致辛辣的，呛人的"。

"毒雾事件"给了英国人一次深刻的教训，1954年伦敦通过了《城市法》；1956年英国议会通过了《空气清洁法》，1968年对《空气清洁法》作了补充和修改；1974年又制定了《控制公害法》等等。这些立法首先是对煤烟的限制和治理。

在治理排放煤烟及有害气体的同时，许多居民和机关单位搬出了市区，如英国气象局原先就在远郊区的一个小镇。

伦敦的《毒雾事件》及其治理过程是在英国工业化和城市化过程中发生的。实际上西方其他发达国家在工业化工业化过程中也遇到类似的问题。

雾，原本是一种普通的天气现象，并没有被人们所重视。顶多被认为是一种影响交通的不良天气。但在工业化过程中，它与烟，尘及其他有害气体相结合，可以浓度加大，频次增多，并变成雾霾，烟雾，对海陆空交通造成很大影响，使交通事故增多，造成更多的人员伤亡。成为一种间接"杀手"。而当烟雾发展到极致就成了毒雾，

雾霾

直接致人死亡，成了直接"杀手"。

伦敦"毒雾事件"死亡人数超过了一般台风，龙卷风，和2011年曼谷洪水等重大灾害性天气带来的后果。因此，对于这种烟雾，雾霾，大雾等就应给予高度关注，应该把它当作一种灾害性天气来对待，以尽量减少其危害性。

我国近年来煤的产量和消耗量仍在大幅增长，不少地方煤烟污染趋势并未得到遏制，汽车排放的废气又在激增，雾日还在增多。因而烟雾和毒雾仍然是我们今后要面对的问题。从英国的经验看，治理确需较长时间，老的问题解决了又会有新的问题。

仅从以上一组数字看，我国的煤烟的污染和治理不会是几年内就能解决的问题。因此，对待我国的烟雾也不容过于乐观而放松警惕。

环境污染是"杀手"

烟雾，雾霾，大雾等危害人体健康，有时会很严重。这方面过去重视不够，科普宣传更不够。否则，各地就不会有大量人群在烟雾中晨练，更不会有城市在大雾中举办长跑竞赛。一方面医疗卫生部门应该加强对烟雾引发疾病的救治；另一方面要加强科普宣传，让人们对烟雾有自我保护的意识和懂得如何自我保护。

告别雾都"杀手"

◼ 充当杀手的雾

数不清的船只失事和车祸与大雾造成的视线不清有关。雾是灾难发生的间接因素，殊不知，有的雾竟然会直接充当杀手。

2004年6月，加拿大芬地海湾上一次大雾让多达5 000只鸟死亡，并不是这次大雾含有有毒污染物，而是大雾的温度非常低，许多鸟在雾中飞着飞着，翅膀就因被冻僵而掉下来摔死。

还有一种发光的雾，钻进去的人就好像经历了一次时空旅行，这听起来有点像科幻，但是畅销书《时间风暴》的作者收集了大量的案例，来证明这种奇怪的雾

的确是存在的。

这些案例里，一些开车或行走的行人在不知情的情况下，毫不犹豫地走进了有些发光的白雾中，之后，有的人就消失了，不久之后又现身了，但是却意识不清。一位司机曾经被发光的雾运到了900千米之外的地方。

据一位亲历者说，她从家中去一个附近的小镇，刚拐向去小镇的路，行驶约1 000米远就遇上了大雾，她小心翼翼地在雾中行驶了约500米，看到前方有灯光透了进来，于是朝着灯光开去，但是走近一看，原来是一座加油站，但她家

充当杀手的雾

附近原来是没有加油站的，她感到非常惊讶。

这时，一个工作人员迎了出来，经询问，这原来是距离她家400多千米远的一个加油站，这时她才意识到汽车已经在两分钟的时间里行驶了400多千米的距离，而这需要花费她几个小时的时间才能回去。

带电的雾

◙ 致人失踪的雾

一些研究者发现，百慕大神秘失踪事件发生时，总会伴随着一种带电的雾，研究者布鲁斯·哲恩本人就是亲眼目击者和亲身见证者，并且在百慕大事件中有幸逃生。

1970年12月4日，哲恩和父亲驾驶着他们的幸运A36飞机来到巴哈马群岛上空，这里就是属于百慕大三角附近，他们遇到了一个奇怪的云，具有隧道形状的旋涡，旋涡的边缘正好被飞机碰到了，之后的10秒钟，他们好像处于失重状态，飞机上所有的电磁仪器都出了故障，磁罗盘疯狂旋转。

当他们来到隧道的底部时，他们以为会看到蔚蓝的天空，但他们看到的却是阴暗的灰白色，不是海水，不是天空，也不是地平线。就这么飞了34分钟之后，他们发现竟然来到了美国佛罗里达州的迈阿密海滩，而正常飞行至少需要75分钟才能从巴哈马群岛到达这里，因此，哲恩相信这种带电的雾对百慕大失踪事件负有不可推卸的责任。

2005年6月，一位科罗拉多农场主的儿子在一个下午5点钟左右，骑着马从邻居家回来，这段路也就3 000米，半路上他看到前方一团微微发蓝光的雾，他从马上下来，打算牵着马从雾中过去，但是刚钻进雾，马上他的脊背发凉，因为他在雾中看到一个近两米的人，没有头发，皮肤有大块的斑块，衣服破旧，待他想仔细看的时候，雾就散去了，像被一阵风吹走了一样，里面的人也没有了踪影。

云雾游戏

摄影是光与影的游戏，如果有云雾加盟，这游戏往往就会更多一重令人玩味的意蕴，或如梦似幻，或飘渺虚无，或天光忽现如醍醐灌顶。福建在三四月间便进入多雾季节，不妨学习一下如何利用云雾，给司空见惯的景色添点神来之笔。

雾的种类繁多，但是都可以归入辐射雾和平流雾两大类，两种都是水汽遇冷凝结而成。辐射雾在下半夜开始形成，日出时最浓，日出后很快就消失，多出现在晴天的早晨。

这种雾在福建很常见，植被茂盛的山谷或者小型盆地几乎每个晴天的早晨都能拍摄到辐射雾。平流雾是暖而轻的空气作水平运动，经过寒冷的地面或水

辐射雾示意图

60

山东烟台平流雾奇观

面，逐渐冷却而形成的雾，因此平流雾较多是和连绵不断的阴雨天气一起出现的，天气预报能够准确地报道平流雾。

辐射雾大多数是薄薄的一层贴在地面上，我们可以根据需要在雾里拍摄，也可以找到高点站在雾层之上拍摄云海。在辐射雾里面拍摄，一旦选好了所要拍摄的景物，可以稍加等待得到我们所需要的雾浓度，有足够的耐心还可以等待阳光透射的瞬间形成的暖调光束，这并不是很难，因为辐射雾持续时间短，变化比较快。

如果选择在辐射雾外面拍摄云海，最佳拍摄时间在日出前后，在日出之前半小时找到拍摄点，架设好相机等待云雾变化过程中比较理想的瞬间：顺光拍摄云海因为光比小，只要在测光基础上略作曝光补偿即可；如果朝向日出方向拍摄，则需要在镜头前加一片减光2级灰色渐变滤镜；用一张不反光的黑色卡纸在镜头前对天空做局部遮挡同样可以取得良好的效果。

设定低感光度和小光圈，比较长的曝光时间，例如总曝光时间是8秒，对天空部分遮挡6秒时间，遮

上海平流雾奇观

挡的6秒时间内以地平线为基准，手拿黑色卡纸做小幅度的轻微抖动，如果不做抖动会在照片上留下明显的痕迹。

平流雾因为持续时间长，浓度相对稳定而且常伴随阴雨天气，所以要注意相机的防潮，通过调整相机与拍摄景物的距离可以得到很好的空气透视效果：近的物体清晰，而远的物体朦胧甚至消失，对于喜欢减法的摄影人来说，无疑多了一种减的方式。注意，要在测光的基础上加一档曝光。

福建省内气候潮湿，山地丘陵多，很容易找到好的拍摄点，最常

出好的云雾摄影作品的有武夷山、泰宁等以丹霞地貌闻名的景区，还有地处戴云山脉的德化九仙山、永春天马山等地。省内的大部分县市，询问当地人都能找到不闻名但是条件良好的云雾拍摄地。

◪ 带电的云

雷雨云是一大团翻腾、波动的水、冰晶和空气。当云团里的冰晶在强烈气流中上下翻滚时，水分会在冰晶的表面凝结成一层层冰，形成冰雹。这些被强烈气流反复撕扯、撞击的冰晶和水滴充满了静电。其中重量较轻、带正电的堆积在云层上方；较重、带负电的聚集在云层底部。至于地面则受云层底部大量负电的感应带正电。当正负两种电荷的差异极大时，就会以闪电的形式把能量释放出来。

雷雨云的形成需要一定的条件，从局地条件来看，首先，大气的垂直层结必须是不稳定的，以便诱发对流活动的发生和发展；其次，空气中要有足够的水分，能够满足云的生成。

从天气背景来看，应当有促发局地对流发展的天气形势，如冷锋过境、正在填塞中的低压、反气旋后部、小波动以及高空下股冷空气活动等。雷雨云往往由积云发展而来，它是对流云发展的成熟阶段。一个发展完整的对流云，一般都有一个形成、成熟和消散的过程。

不同的地方，不同的发展阶段，对流云的厚度相差十分悬殊。

在中国西北高原地区，由于大气中的水汽不充沛，对流云发展到积雨云阶段也只有3至4千米厚；而中、高纬度的锋面性对流云，在发展初期其厚度即可达到5至6千米；在热带海洋地区。

美国的佛罗里达，由于水汽充足，对流云发展十分旺盛，其云顶抵达平流层，高度可达20千米以上，其水平尺度一般约为30至40千米。在大多数情况下，云体先在垂直方向较快增长，当云顶达到一定

雷电

的高度并比较稳定之后，才在水平方向较快地增长。

◤ 雷雨云的消散

雷雨云成熟的标志是伴有雷电活动和降水，当下沉气流在地面形成阵风时，地面温度开始明显下降。一阵电闪雷鸣，狂风暴雨过后，雷雨云就进入消散阶段。

在消散阶段，云中已为有规则的下沉气流所控制。云体逐渐崩溃，云上部很快演变成高积云和伪卷云，而云底有时还有一些碎积云或碎层云，它们是由降水在地面蒸发后上升凝聚而成的。

在雷雨云的下方，大气的电场与晴天正好反向，也就是说，此时地面带正电荷。它是由雷雨云感应产生的。这说明雷雨云带有负电荷。

大量的研究证明，在雷雨云中存在着正、负两种电。正电荷集中在云的上部，而负电荷集中在云的中下部。在通常情况下，云下部的负电荷略多于上部的正电荷。有时，在云的底部还有一个范围不大的带正电荷区域，它一般处于云的前部，这里上升气流有局部的极大值。

雷电放电是由带电荷的雷云引起的。雷云带电原因的解释很多，但还没有获得比较满意的一致认识。

雷雨云是在有利的大气和大地条件下，由强大的潮湿的热气流不断上

雷电

雷雨云中的电荷

升进入稀薄的大气层冷凝的结果。强烈的上升气流穿过云层，水滴被撞分裂带电。轻微的水沫带负电，被风吹得较高，形成大块的带负电的雷云；大滴水珠带正电，凝聚成雨下降，或悬浮在云中，形成一些局部带正电的区域。

实测表明，在5至10千米的高度主要是正电荷的云层，在1至5千米的高度主要是负电荷的云层，但在云层的底部也有一块不大区域的正电荷聚集。雷云中的电荷分布很不均匀，往往形成多个电荷密集中心。

这样，在带有大量不同极性或不同数量电荷的雷云之间，或雷云和大地之间就形成了强大的电场。雷雨云是对流云发展的成熟阶段，它往往是从积云发展起来的。

第一个发展阶段是从淡积云向浓积云发展。云的垂直尺度有较大的增长，云顶轮廓逐渐清楚，呈圆弧状或菜花形，云体耸立成塔状。这样的云我们在盛夏常常看到。在形成阶段中，云中全部为比较规则的上升气流，在云的中、上部为最大上升气流区。上升气流的垂直廓线呈抛物线型。一般不会产生雷电。在其形成阶段，淡积云向浓积云发展。

云的垂直尺度有较大的增长，云顶的轮廓逐渐清晰，呈圆弧状或花菜形，云体耸立成塔状。在这一阶段，云中全部为比较规则的上升气流，云的中上部是最大气流上升区。此阶段经历的时间大约为15分钟，一般不会产生雷电和降水。

从浓积云发展成积雨云，就伴随雷电活动和降水，这是成熟阶段的征象。在成熟阶段，云除了有规则的上升气流外，同时也有系统性的下沉气流。

上升气流通常在云的移动方向的前部。往往在云的右前侧观测到最强的上升气流。上升气流一般在云的中、上部达到最大值，浓积云逐渐发展成积雨云。

一阵电闪雷鸣、狂风暴雨之后，雷雨云就进入了消散阶段。这时，云中已为有规则的下沉气流

雷雨云中的电荷模式

所控制。云体逐渐崩溃，云上部很快演变成中、高云系，云底有时还有一些碎积云或碎层云。

雷雨云

一块成熟的雷雨云，其顶部可以伸展到负40摄氏度的高度，而云底部的温度却在10摄氏度以上。由于云体在垂直方向上跨过了这么宽的温度范围，因而云中水汽凝结物的相态就很不一样。在云中有水滴，过冷却水滴、雪晶、冰晶等。

◾ 电荷碰撞产生雷电

我们把雷雨云按温度高低来分层，在温度高于零摄氏度的"暖层"的云中，全部是水滴，在温度零至负8摄氏度的云层中，即有较多的过冷却水滴，也有一些雪晶、冰晶；在温度低于负20摄氏度的云层中，由于过冷却水滴自然冻结的概率大为增加，云中冰晶的天然成冰核作用更为显著，故云中基本上都是雪晶和冰晶了。

在成熟阶段的雷雨云中，发生着非常复杂的微物理过程，在云的"暖层"，有水滴之间由于大小不同而发生的重力碰撞，也有湍流碰撞和电、声碰撞过程。同时，有大水滴在气流作用下发生变形，破碎而产生"连锁反应"；还有由云的"冷层"中掉到"暖层"中来的大雪花、霰等的融化等。

在温度零摄氏度至负20摄氏度的云层中，水汽由液态往固态转移十分活跃，冰、雪晶的粘连，大冰晶破碎等也很频繁。在低于负20摄氏度的云层中，也还有冰晶之间的粘连和大冰晶的破碎过程发生。在雷雨云中发生的所有这些微物理过程，都可以导致云中水汽凝结物电学状态的改变，对于雷雨云的起电有十分重要的贡献。

雷雨云中的电荷，主要是云中水滴、冰晶和霰粒在重力和强烈上升气流共同作用下，不断发生碰撞摩擦而产生的。

当冰晶和霰粒相碰时，短暂的摩擦作用使霰粒表面局部温度比冰晶高，结果使霰粒表面带上负电，冰晶带上正电，这就是所谓的温差效应。当冰晶与霰粒分开时，结果正负电荷也离开了。

当水滴在霰粒表面冻结时，水滴里外温度也不一致，水滴外层温度低先冻结呈正电性，里面温度高呈负电性。一旦内部水冻结时，体积迅速膨胀，外层冰壳破裂，冰屑带着正电荷飞散出去，而留下的冻水滴上仍带着负电荷。这样正负电荷也发生了分离，冰屑较轻，被上升气流带到云层顶部，所以雷雨云上面带正电荷。

强烈上升的气流也会将云中大水滴冲破，形成许多带负电的小水珠和带正电的较大水珠。带正电的较大水珠下沉直至被上升气流支持在云层底部的局部区域。前面所述带负电的小水珠和霰粒等逐渐扩散到雷雨云下部广大区域。

冰晶

 迷你知识卡

霾

也称灰霾，空气中的灰尘、硫酸、硝酸、有机碳氢化合物等粒子也能使大气浑浊，视野模糊并导致能见度恶化，如果水平能见度小于10000米时，将这种非水成物组成的气溶胶系统造成的视程障碍称为霾或灰霾，香港天文台称烟霞。

静　电

是一种处于静止状态的电荷。在干燥和多风的秋天，在日常生活中，人们常常会碰到这种现象：晚上脱衣服睡觉时，黑暗中常听到"噼啪"的声响，而且伴有蓝光，见面握手时，手指刚一接触到对方，会突然感到指尖针刺般刺痛，令人大惊失色；早上起来梳头时，头发会经常"飘"起来，越理越乱，拉门把手、开水龙头时都会"触电"，时常发出"噼啪"的声响，这就是发生在人体的静电。

第5章 雾非雾

——雾气中的恶毒种子

1. 雾中草船借箭
2. 为什么冬天的早晨时常有雾?
3. 雾不散就是雨
4. 雾的成因
5. 沿海春夏多雾
6. 雾的分类
7. 雾都伦敦
8. 雾气里的恶毒种子

雾中草船借箭

周瑜妒嫉诸葛亮的才能，想要加害他。于是令诸葛亮限期监造十万支箭。诸葛亮答应得很干脆，并主动把限期由十天提前到三天，写下了军令状：三日不办，甘当重罚。

足智多谋的诸葛亮回到营中，前两天并无动静，到第三天四更时分，诸葛亮调用事先准备好的20只装有布幔束草等物的船，用长索相连，经望北岸进发。是夜大雾，长江之中，雾气更甚，对面不相见，

孔明促舟前进，果然是好大的雾，当夜半五更时候，船已近曹操水寨，孔明教把船只头西尾东，一带摆开，就船上擂鼓呐喊。

曹操得到报告，传下命令："重雾迷江，彼军忽至，必设埋伏，切不可轻动。可拨水军弓弩手

草船借箭

乱箭射之。"不一会，动员一万余人，尽皆向江中放箭。箭如雨发。

孔明教士兵把船掉回，头东尾西，逼近水寨受箭，一面擂鼓呐喊。待至日高雾散，孔明收船急回。20只船的两边束草上，排满箭枝。待曹操醒悟，已悔之不及。

船到岸时，得箭十万余支。周瑜大惊，慨然叹曰："孔明神机妙算，吾不如也。"正是："一天浓雾满长江，远近难分水渺茫。骤雨飞蝗来战舰，孔明今日伏周郎。"

这是《三国演义》上记载的诸葛亮"草船借箭"的故事。

诸葛亮对周瑜的安排，明知是计，却敢于接纳军令状，是早有神机妙算的。"亮已于三日前算定今天有大雾，因此敢任三日之限。"

诸葛亮用雾作掩护，不费吹灰之力，得十万余支箭而使周瑜信服。曹操却雾中失利，只得叫苦。雾在军事上的妙用，足见一斑。

请葛亮运用自身丰富的天气预报经验，提前三天准确地预报出一场大雾，令世人惊叹，他的预报经验并未留给后人，也无从考证。但

诸葛亮

天气是有其自身的演变规律，掌握了这种规律，就可以预报天气，这在三国时已是肯定无疑的了。

◪ 为什么冬天的早晨时常有雾？

空气中所能容纳的水汽是有一定限度的，达到最大限度时，就称为水汽饱和。气温愈高，空气中所能容纳的水汽也愈多。

譬如，在1立方米的空气中，气温在4摄氏度时，最多能容纳的水汽量是6.36克，气温在20摄氏度时，1立方米的空气中最多就可以含水汽17.30克。

如果空气中所含的水汽多于一定温度条件下的饱和水汽量时，多余的水汽就会凝结出来，变成小水滴或冰晶。假如在4摄氏度，1立方米的空气中含有7.36克水汽，这时，多余的1克水汽就会凝结成水滴。所以空气中的水汽超过饱和量，就要凝结成水滴，这主要是随着气温的降低而造成的。

地面热量的散失，会使地面温度下降，同时会影响接近地面的空气层，使空气的温度也降低。

如果接近地面的空气层相当潮湿，那么当它冷到一定的程度时，空气中部分水汽就会凝结出来，变成很多小水滴，悬浮在近地面的空气层里。当近地面空气层里的小水滴多了，阻碍了人们的视线时，就形成了雾。

雾和云主要是由于温度下降造成的，因此雾实际上也可以说是靠近地面的云。白昼温度一般比较高，空气中可容纳较多的水汽。但是到了夜间，温度下降了，空气中能容纳的水汽就减少了，如果那时空气中的水汽较多，就会使一部分水汽凝结成为雾。

特别在冬天，由于夜长，而且出现晴天风小的机会较多，地面散热比夏天更迅速，接近地面的温度急剧下降，这样就便得近地面空气层中的水汽，容易在后半夜到早晨达到饱和而凝结成小水滴，并且浮

早晨地罩雾

雾气蒸散，多半是晴天

在近地层的空气中，形成雾。

有时候早晨起来，只见迷迷蒙蒙一片大雾，打开门窗，它也会像轻烟一样飘进来。可是不要多久，可以依稀看见窗外的景物了，最后终于雾散气朗，丽日当空。俗话说："早晨地罩雾，尽管晒稻谷"，正是这个意思。

早晨有雾，大气是潮湿的，但是这天偏偏却是晴天，这是什么缘故呢？

白天太阳照射地面，地面积累了大量的热，由于水分的蒸发，温度较高的空气也能够容纳较多的水汽，因此空气中的水汽比较多。

太阳下山以后，热量就开始向空中散发，接近地面的空气的温度也随着降低，天气越好，天空中的云越少，地面的热不受任何阻碍，散发得越快，空气湿度也降得越低。

到了后半夜和早晨，地面空气的温度已经降得很低了，这时候，就是在室内，我们也很容易感觉到上半夜凉得多。

接近地面的空气温度降低以后，空气里的水汽超过了饱和状态，多余的水汽就凝结成细小的水滴，分布在低空，这就是气象学上所说的"辐射雾"，这种雾通常产生在高气压中心附近，而在高气压

锋际雾

中心附近，常常是晴好天气。所以出现这种雾的时候，尽管早晨浓雾弥漫，只要太阳一出，把雾气蒸散，这一天就多半是晴天。

雾不散就是雨

雾一般都是在半夜到清晨生成，清晨以后渐渐消失。但有的时候，人们也见到了这样的雾，夜里生成了，白天一时不消散，并下起雨来了。

为什么雾不散就有可能下雨呢？

白天不散的雾，大多是与锋面过境有关的。在暖锋未过境前，往往出现锋前雾。在这种雾的上空，有着浓厚的雨云，雨云底部下降的雨，在云底以下蒸发，并在近地面处又凝结，这就是锋前雾形成的原因。

这种雾的顶上既然有浓厚的雨云，太阳光无法大量地透进来，而产生雾的条件又继续存在，这样的雾当然不会散。不久，由于雨云越来越厚，云底以下水汽也越来越充沛，雨滴不能在云底下的空间蒸发，而直接落下来，这时就下雨了。

在暖锋过境时，如果有冷暖空气的混合作用出现，可以造成锋际雾。在暖锋过后的暖区中，由于暖湿空气流经冷地面，又会产生暖区雾，这种雾湿度非常大，而且常常和毛毛雨连在一起，在它的后面，往往还有冷锋南下，造成冷锋降水。

在沿海地区，海雾有时在夜里侵袭到陆地上来。这种雾到早晨或上午还不消散，就会转变为层状云，而下起雨来。所以"雾下散就是雨"的说法是对的。

◼ 雾的成因

雾和云都是由浮游在空中的小水滴或冰晶组成的水汽凝结物，只是雾生成在大气的近地面层中，而云生成在大气的较高层而已。雾既然是水汽凝结物，因此应从造成水汽凝结的条件中寻找它的成因。

大气中水汽达到饱和的原因不外两个：一是由于蒸发，增加了大气中的水汽；另一是由于空气自身的冷却。对于雾来说冷却更重要。

当空气中有凝结核时，饱和空气如继续有水汽增加或继续冶却，便会发生凝结。凝结的水滴如使水平能见度降低到1千米以内时，雾就形成了。

另外，过大的风速和强烈的扰动不利于雾的生成。因此，凡是在有利于空气低层冷却的地区，如果水汽充分，风力微和，大气层结稳定，并有大量的凝结核存在，便最容易生成雾。一般在工业区和城市中心形成雾的机会更多，因为那里有丰富的凝结核存在。

雾不散就是雨

雾和云

沿海春夏多雾

我国以沿海岛屿雾最多,一入大陆就很快地减少。沿海雾以春夏出现的最多,并且最多雾之月还随纬度的增高而向后移。东京湾沿海2月雾最多,海南岛3月最多,南海沿岸4月最多。

东海则以5月最多,杭州湾和长江口附近6月最多,4月和5月两月也不少,到7月和8月就很快减少。黄海沿岸雾日分配很集中,秋冬没有雾,从春季开始有雾,而后逐月增加, 7月达到最多。以后逐渐减少,9月和10两个月达最低点。渤海是一个内陆海,沿海在秋冬雾反多于春夏。

内陆雾以西南为最多,全年雾日达60日至80日。其他地区则很少。西北地区几乎没有雾,这是因为那里空气所含水分过少的原故。

大陆上的雾多半是辐射雾,所以秋冬最多。西南地区地形起伏很大,山谷洼地和江河湖泊之上极容易生雾。特别是重庆一带,高空常有逆温层存在,如果风力微强,白天雾上升,停留于逆温层的下面,加强了逆温层底的辐射作用,因而又助长了逆温层的维持。

逆温层的加强和维持又便于水汽的积蓄,因此所成的雾,虽然会在白天消散,但因为逆温层的长久维持,到次日雾仍可生成。这就是重庆特别多雾的原因。

雾的分类

根据空气达到过饱和的具体条件不同，通常把雾分为以下几种，陆地上最常见的是辐射雾，这种雾是空气因辐射冷却达到过饱和而形成的，主要发生在晴朗、微风、近地面、水汽比较充沛的夜间或早晨。这时，天空无云阻挡，地面热量迅速向外辐射出去，近地面层的空气温度迅速下降。如果空气中水汽较多，就会很快达到过饱和而凝结成雾。

另外，风速对辐射雾的形成也有一定影响。如果没有风，就不会使上下层空气发生交换，辐射冷却效应只发生在贴近地面的气层中，只能生成一层薄薄的浅雾。

如风太大，上下层空气交换很快，流动也大，气温不易降低很多，则难于达到过饱和状态。只有在每秒1至3米的微风时，有适当强度的交流，既能使冷却作用伸展到一定高度，又不影响下层空气的充分冷却，因而最利于辐射雾的形成。

辐射雾出现在晴朗无云的夜间或早晨，太阳一升高，随着地面温度上升，空气又回复到未饱和状态，雾滴也就立即蒸发消散。因此早晨出现辐射雾，常预示着当天有个好天气。

第二种雾为平流雾，当温暖潮湿的空气流经冷的海面或陆面时，空气的低层因接触冷却达到过饱和而凝结成的雾就是平流雾。只要有适当的风向、风速，雾一旦形成，就常持续很久，如果没有风，或者风向转变，暖湿空气来源中断，雾

蒸汽雾

锋前雾

也会立刻消散。

第三种雾为蒸汽雾，如果水面是暖的，而空气是冷的，当它们温差较大的时候，水汽便源源不断地从水面蒸发出来，闯进冷空气，然后又从冷空气里凝结出来成为蒸气雾。

一般在南方的暖洋流进到极地区域时，极地的冷空气覆盖在暖水面上而形成蒸汽雾。例如北大西洋上就有一股强大的墨西哥湾流的暖洋流，经常突入北极的海洋上，造成北极洋面上大规模的蒸汽雾。

有时候，北极的冷空气停留在冰面上，在冰面裂开的地方，冰下较暖的水就露出来，形成局部的蒸汽雾，蒸汽雾大都出现在高纬度的北极地区，所以人们常称它为"北极烟雾"。

除了极地区域外，冷空气覆盖暖水面的情形还常出现在内陆湖滨地区。夜间湖水面比陆面暖，当夜间陆风吹到暖的湖面上时，在湖面上就会形成一层比较浅薄的蒸汽雾。秋、冬季节，每当冷空气南下以后，在天晴风小的早晨，暖水面还来不及冷却时，就弥漫着这种蒸汽雾。

第四种雾为上坡雾，这是潮湿空气沿着山坡上升，绝热冷却使空气达到过饱和而产生的雾。这种潮湿空气必须稳定，山坡坡度必须较小，否则形成对流，雾就难以形成。

第五种雾为锋面雾，经常发生在冷、暖空气交界的锋面附近。锋前锋后均有，但以暖锋附近居多。

锋前雾是由于锋面上面暖空气云层中的雨滴落入地面冷空气内，经蒸发，使空气达到过饱和而凝结形成；而锋后雾，则由暖湿空气移至原来被暖锋前冷空气占据过的地区，经冷却达到过饱和而形成的。因为锋面附近的雾常跟随着锋面一道移动，军事上就常常利用这种锋面雾来掩护部队，向敌人进行突然袭击。

◩ 雾都伦敦

英国伦敦市区因常常充满着潮湿的雾气，因此有个叫"雾都"的别名。20世纪初，伦敦人大部分都使用煤作为家用燃料，产生大量烟雾。这些烟雾再加上伦敦气候，造成了伦敦"远近驰名"的烟霞。

因此，英语有时会把伦敦称作"大烟"，伦敦并由此得名"雾都"。1952年12月，伦敦烟雾事件令4 000人死亡，政府因而于1956年

今日伦敦夜景

锋前雾

推行了《空气清净法案》,于伦敦部分地区禁止使用产生浓烟的燃料。80年代以来,由于英国政府采取了一系列措施,加强环境保护,伦敦的空气质量已经得到明显改观。

英国的雾都伦敦可谓是闻名世界,其实,除了伦敦以为,爱丁堡也是较为著名的"雾都"。爱丁堡的气候阴霾多雨雪,也被称为"老雾都"。一年四季,只有夏季天气晴好,其他三个季节均以雨雪天气较多。

受海洋气候影响,全年气温在最低零摄氏度,最高30摄氏度。冬季非常潮湿,雨雪交杂,不适合旅游出行。和伦敦相比,"老雾都"爱丁堡更具有浪漫气息。

土耳其首都安卡拉,位于小亚细亚半岛上阿那托利亚高原的西北部,在土耳其是仅次于伊斯坦布尔的第二大城市,也是政治、经济、文化、交通和贸易的中心,素有"土耳其的心脏"之称。

安卡拉是一座历史悠久的古

城，人们可以将城市的历史一直追溯到上古时期。安卡拉市区名胜古迹很多，如罗马时期的朱里安柱和奥古斯都庙；拜占庭时期的城堡和墓地、塞尔柱时期的阿拉丁清真寺以及奥斯曼时期的穆罕默德巴夏商场和穆罕默德商场等。

安卡拉是土耳其的首都，也是西亚著名的"雾都"，安卡拉雾都的称号可谓和伦敦、东京同出一辙，都是由于气候条件加上工业污染所形成。在安卡拉，一年之中有大约80多天都是大雾弥漫，有这样一句戏言："50年代雾都在伦敦，70年代雾都在东京，现在雾都在安卡拉。"

人们冬季来到安卡拉，早晨朝窗外看去，全城蒙在灰褐色的云雾中，行人都用头巾、围巾捂着嘴，汽车像蚂蚁一样慢慢朝前爬动；傍晚雾益浓，5米以外看不清人。严重的时候，人们难以忍受烟雾的刺激，只好躲在室内不上班。

◤ 雾气里的恶毒种子

2011年笼罩在京城的大雾天气再次加"码"，东南部地区能见度甚至不足200米，达到浓雾级别，空气质量也严重超标，个别地区甚至达到中度重污染。受部分地区大雾和空气质量下降影响，口罩开始热卖。12月，淘宝售出3万多只口罩，相比前两周平均销量翻了3倍，其中有2万多只是被北京地区用户买走。

大雾锁城。机场旅客滞留，高速封闭数十次，公交紧急备战，采

雾霾天

血量陷谷底，儿科门诊提升……这是被一场大雾改变的细节。

雾霾天，污染日。对一个个标榜"人居"的城市来说，"罕见大雾"越来越"常见"，起码不算一个好的兆头。专家忙着在普及冷空气的走势，但有一个常识是确凿的，冷空气再坏，也无法在雾气里撒下恶毒的种子。

雾大雾小，其实都不是问题，问题是雾气中除了水分，还有些什么物质。早在上个月初，复旦大学公布的课题报告就显示，上海市区采集到的雾水大多颜色较深，存在致癌致畸物多环芳烃，且其浓度值与国内外其他地区相比偏高。

对此，上海市环境监测中心总

雾霾天——污染是罪魁

工程师伏晴艳回应称，上海雾水中的多环芳烃含量不及日常抽烟，甚至低于炒菜产生的油烟。"雾气之争"已经不只是上海与北京等大城市需要直面的问题。

眼下的症结其实有两个，一是这越来越司空见惯的大雾里，究竟裹挟着哪些物质？二是假如大雾有毒，职能部门应该为减少"雾污染"做些什么？这样的担心不是没有道理，因为大雾此起彼伏，只见满街"口罩姐"、"口罩哥"，间或是网上的口罩又热卖了此般潦草的民间自救，果真是应对大雾的常态？

在面目模糊的大雾里，公众见识得最多的是"严重超标"、"中度重污染"等界定，但这些判断究竟对人体健康意味着什么，也许还是个待解的"达·芬奇密码"。

接连的大雾，总让人不禁联想起整整半个世纪之前的"伦敦大雾事件"，那是人类历史上由大气污染造成的特大公害事件之一，"工业革命"的故乡为之付出了巨大的代价。但代价之后是清醒。

1956年，英国颁布了世界上第一部治理大气法律《净化空气条例》；去年的一项调查甚至显示，伦敦的空气质量已达到一个世纪来的最好水平。

当我们面临大雾的时候，尽管尚未成为环境事件，但少数职能部门的敏感，似乎还不如小商小贩对滞留司机与旅客的"商业关心"。

雾霾天——污染是罪魁

大范围、长时间、高浓度的大雾天气正是大自然的"警告"。少开私家车，多使用绿色出行方式，减少汽车尾气的排放。请记住，防止大雾成灾，我们谁都不是旁观者。

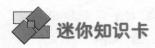 迷你知识卡

冷 锋

锋面在移动过程中，冷气团起主导作用，推动锋面向暖气团一侧移动，这种锋面成为冷锋。冷锋就是大家常常提到的冷空气前锋，它是南下冷空气的先头部队，是影响中国的最常见的天气系统，冬季尤甚。

冬季每隔几天就有一股冷空气从中国的西北、华北侵入内陆。冷锋过境时，会伴有偏北风加大，气压升高和温度降低等现象，有时会造成雨雪天气，夏季甚至会造成暴雨，一般情况下冷锋过境以后，当地将转受冷高压控制，天气变得晴朗。

逆温层

一般情况下，在低层大气中，气温是随高度的增加而降低的。但有时在某些层次可能出现相反的情况，气温随高度的增加而升高，这种现象称为逆温。出现逆温现象的大气层称为逆温层。

第6章 雾岛和烟霾岛
——大气污染的产物

1. 沿海浓雾
2. 海雾的预测
3. 江雾
4. 大雾的危害
5. 江雾雾岛和烟霾岛
6. 江雾毒雾封锁达达尼尔海峡
7. 有毒的海雾
8. 人工消雾
9. 青岛"雾牛"

■ 沿海浓雾

我国沿海每到春暖花开，由冷转暖的时候，经常会出现迷迷蒙蒙毛毛细雨的天气，能见度显著降低，甚至相距几米也难见踪影，这就是人们熟知的海雾。依成因不同，可把海雾分成平流雾、混合雾、辐射雾和地形雾4种。

全球各海区的海雾，类型虽然很多，但其中范围大、影响严重的，首推平流冷却雾，而以中高纬度大西洋的纽芬兰岛为中心和以北太平洋千岛群岛为中心的两个带状雾区最为显著，以南印度洋爱德华王子群岛为中心的带状雾区也很突出。

其次便是大洋东岸低纬度信风带上游的雾，如太平洋东岸的加利福尼亚外海和秘鲁外海，大西洋东岸的加拿利群岛以南的海域和纳米比亚外海，都是这类雾区。

海雾

这些海域的海雾多在春夏盛行，尤以夏季为最。其特点是雾浓，持续时间长，严重的大雾可持续1至2个月。

平流蒸发雾多见于冷季的副极地或冰山和流冰的外缘水域，雾层薄，形似炊烟。但当它在春秋季节与平流冷却雾在中、高纬度海域交替出现时，也常构成大片浓雾区。至于散布在世界各海域的零星雾区，大多有地区性，难成体系，且不一定属于同一雾型。

渤海、黄海、东海和南海的海雾分布不均匀，出现的季节也不完全一样。渤海的海雾只出现在辽东半岛和山东半岛沿海水域；黄海全海区基本上都有雾；东海的雾多出现于中国沿岸，日本西南海域和琉球群岛几乎不出现海雾；南海的雾只局限于中国沿岸水域。

山东半岛东岸、朝鲜半岛西岸和舟山群岛为3个多雾中心。

岛屿雾恒多于岸滨雾

海雾的时间变化，南海始于1月中旬，终于4月中旬，雾期为3个月；台湾海峡始于2月中旬，终于6月中旬，雾期为4个月；东海始于3月，终于7月中旬，雾期为4至5个月；黄海始于3月中旬，终于8月中旬，雾期为5个月。可见在空间分布上，雾区随纬度的增高而扩大；在时间变化上，雾期也随纬度的增高而延长。至于在近海水域，则岛屿雾恒多于岸滨雾。

通过对海雾的观测和调查，了解它的属性和分布变化的规律，进一步应用天气学和数理统计等方法，可以进行海雾的预报。此外已提出一些动力学模式，试作海雾的

岛屿雾恒多于岸滨雾

数值预报；通过模拟实验，可研究海雾的生消过程和作用机制。

◩ 海雾的预测

海雾是海洋上的危险天气之一。它对海上航行和沿岸活动有直接影响，长期以来海洋气象学家对海雾的生消机制作了多方研究，为预测海雾提供了较充实的理论基础和实用技术，目前预测海雾的方法常用的有三种。

通过天气学方法可以预测海雾，把海雾作为天气现象来对待，尽可能地考虑到各个水文气象要素的作用及其相互关系。一般来说，与海雾有关的水文气象要素，主要有风向、风速、降水、蒸发、气温、湿度、水温、海流和稳定度等。

风向从海上向陆地吹，常为沿海送来海上暖湿空气，有利于雾的生长；风速大小对不同性质的海雾影响也不一样，辐射雾只能在微风中存在，平流雾却以4至5级风最合适，超过6级就会吹散雾；降水是产生混合雾所需要的条件，对辐射雾、平流雾则起消散作用；蒸发则是蒸气雾产生的必要过程；气温和湿度可作为一个要素的两个方面来考虑。

中国近海春夏季节的雾，当海面气温超过24摄氏度，就不再出现了；海雾与海流之间的关系更为密切，冷暖海流交界区和涌升的冷流区，都是海雾经常出现和集中的海域，表面看这是海流与平流雾之间的相关关系，实质上反应了海水温度是生成各种类型海雾的重要条件之一；稳定度与海雾关系也非常密切，稳定的空气层结，利于雾的生成和持续。

天气学方法预测海雾，也就是寻求上述各要素与海雾生消的关系，结合天气形势的发展来预测海雾的变化，我国沿海大多数水文气象台站现在仍用这种方法来预测海雾。

◪ 江雾

统计学方法也能很好地预测到海雾，也就是利用历史资料把水文气象要素与海雾的关系，进行时空分布统计，找出各种记录中的规律。在统计过程中，要充分考虑水文气象要素和天气现象间的内在联系及其物理意义，使统计的结果具有天气学和气候学上的意义。

近年来，很多国家海洋气象部门利用大型计算机来处理资料，取得很好效果，如美国海军舰队数值预报中心，通过处理收集到的实况，结合历史资料，预报北半球各海区海雾，已获得实用效果。

预测海雾

还有一种数值方法也能预测海雾，由于海雾形成的因素很多，有的以空气的平流为主；有的以空气的辐射为主；有的通过冷却降温；有的依靠增加水汽量来达到过饱和而凝结；有的几种方法兼而有之。因此，用一种数值模式反映海雾的形成过程是比较困难的。

目前，预报部门制作海雾数值预报，是把辐射雾和平流雾分开考虑的。近年来，把数值预报和统计预报结合起来成为统计动力预报，取得比较明显的效果。

◤ 大雾的危害

"雨余花点满红桥，柳絮沾泥夜不消。晓雾忽无还忽有，春山如近复如遥。"诗人笔下的雾景多美

雾灾

呀。雾锁深山水自流，这也许是古人所想象的怡然自得的田园风光。如今，我们遇到雾的日子也日渐增多，雾却带给了我们现代生活太多的"美丽"难堪。

雾是空气中所含的水汽多于一定温度条件下的饱和水汽量时，多余的水汽凝结成的小水滴或冰晶悬浮在近地面空气层里的一种天气现象。形成雾的条件，一是近地面空气湿度大，二是温差变化大，而且还要无云、风力小。它在一年四季凡是空气潮湿地方都可能出现，北方南方都会有，尤以秋冬的早晨最为常见。

雾灾主要表现在：对供电系统造成危害。浓雾造成空气湿度大且含污多，会结露在输变电设备的表层，致使绝缘能力下降，酿成线路闪电、微机失控、开关跳闸，造成一系列扩大化的断电事故。

危害水陆交通。大雾天水平能见度差，影响驾驶人员的视线，无论陆路、河运、航海，都易发

雾是航空事故的最大诱因

生交通事故，至于严重影响交通运输速度更不在话下。

雾是航空事故的最大诱因。从航空史资料看，空难事故多数伴有大雾天气。浓雾会使航空港瘫痪。1994年1月，沪杭一带大雾，上海、杭州两地机场被迫停航两天，旅客滞留机场，人满为患，经济损失严重。

此外，由于雾滴中含有多种重金属微粒及化学元素，还有灰尘、病原微生物等有害物质，造成空气的极大污染，严重危害人体健康。因此人们切莫在雾中多逗留，更不宜在雾中锻炼身体。

■ 江雾雾岛和烟霾岛

城市大气的污染源，主要有工业生产、民用炉灶、焚烧废物以及交通运输。污染物按它们在大气中存在的状态，可分为气溶胶和污染气体两类。气溶胶污染物根据它们的物理性质又可以分为粉尘类、烟尘类和雾滴类。

粉尘类是由多种工业生产所产生，主要包括强土、石英、水泥、

雾岛

煤粉的粉尘以及各种金属粉尘等。烟尘一般是由冶金、化学等工业和燃烧所产生的飞灰和黑烟，其直径比粉尘小得多。雾滴类是大气中液态悬浮体的总称。

大气气溶胶中直径大于10微米者称为降尘，大部分降落在污染源附近；小于10微米者叫飘尘，它们能较长期停留在大气之中，可以通过呼吸进入人体肺泡以至血液淋巴危害人体健康。更麻烦的是，这种气溶胶粒子上常吸附有污染气体和致癌性很强的大分子有机物。此

外，粉尘中的重金属许多也是致癌物质。

因此，近数十年来，随着城市工业的发展，肺癌的死亡率也在迅速上升。雾滴类中最多见的是水滴类雾滴，但城市中的雾有它的特殊性并常引起灾害。一是雾中相对湿度一般不到100%。

上海曾发现雾中相对湿度最低曾达72%和67%，在重庆和乌鲁木齐等城市也多次发现80%至84%的低湿度雾。这是因为吸湿性大气污染微粒能强烈吸收水汽的结果。城

市多雾会影响交通，降低市内汽车速度和影响飞机起降等，重庆白市驿机场就是因为多雾才迁往江北机场的。

由于这种雾里二氧化硫浓度比较高，因而雾滴常呈不同程度的酸性。由于酸雾的酸性一般比酸雨高得多，因此对城市建筑物、金属、树木和文物古迹的腐蚀作用也严重得多。

城市大气污染严重程度的季节变化和昼夜变化规律，大体可分为煤炭型和石油型两类。煤炭型是燃煤引起，因此污染强度以对流最强的夏季和白天为最轻，而以逆温最强、对流最弱的冬季和夜间为最重。

石油型是石油和石油化学产品和汽车尾气所产生，由于氮氧化物和碳氢化物等生成光化学烟雾时需要较高气温和强烈阳光，因此污染强度变化规律和煤炭型刚刚相反，即以夏季午后发生频率最高，冬季和夜间少或不发生。

洛杉矶光化学烟雾就属于这个类型。

此外，城市云量增多的结果，使城区日照时数和太阳辐射量均有

达达尼尔海峡

减少。城市中烟尘粒子增多的结果，使大气透明度变差，所以有人称城市为"烟霾岛"或"混浊岛"。烟尘大量削弱太阳光中的紫外线部分，这对城市居民的身体健康也是不利的。

◼ 江雾毒雾封锁达达尼尔海峡

1995年2月13日清晨，一股浓密的大雾，笼罩在黑海、马尔马拉海和爱琴海一线，这一带正是欧亚大陆的交界地区，在马尔马拉海的东西两端连系着世界上两大著名海峡，东端为沟通黑海与马尔马拉海

达达尼尔海峡

的博斯普鲁斯海峡，就是今天的伊斯坦布尔海峡。

海峡全长30千米，成"S"型，平均深度为50米，最宽处位于北面第一弯道达3.4千米，最狭处在第二大桥为830米，海峡把欧亚大陆分开，也把土耳其分为欧亚两部分，是黑海沿岸国家唯一出海口，也是国际上著名水道。

西端为沟通马尔马拉海与爱琴海的达达尼尔海峡，长65千米，宽7.5千米，水深70米，也是黑海国家进入大洋的唯一通道。这两个海峡平日交通特别繁忙，每日来往船只多达二三百条，绝大多数都是千万千克和1亿千克以上的大型远洋船舶，海雾使海峡造成拥挤，严重影响交通，船只慢行几十千米的海峡要比平时多出几倍的时间。

这次浓雾一出现，就引起船

洛杉矶光化学烟雾

员们的注意，他们普遍认为这不是一般的海雾，这种雾呈黄色，带有刺鼻的硫磺味，经土耳其有关部门分析，这是严重的空气污染造成的，是海峡两岸汽车废气和冬季取暖烧煤排出的废气，废气中含有大量二氧化硫，当海雾发生时，雾滴与二氧化硫微尘混合在一起，长时间徘徊在空气中，是一种带有毒素的海雾。

◪ 有毒素的海雾

　　1993年5月，浙江舟山群岛海域薄雾缭绕，海面像蒙上了一层面纱。这个季节正值冷暖气团在东海交汇的时期，海雾阵阵由南向北袭来，整个海上雾气濛濛，能见度极差。

　　此时，我国国家海洋局"向阳红16"号海洋科学考察船，为执行大洋海底多金属结核资源调查任务，刚于5月1日从上海港启程前往太平洋中部的夏威夷预定作业海区行进。当考察船正在行驶时，剧烈的震动使船舱里的物品纷纷落地，船上所有的人都被惊醒了！随后，"嘎、嘎"的钢板撕裂声让人惊心，紧随着更剧烈的震动发生了，此时船上的报警信号铃只响了两声就中断了。

　　5分钟后，海水向船舱猛涌，

舟山群岛

船只开始加速倾斜，以极快的速度下沉，在确定船只无力自救时，船长发出了"弃船"的命令，大家迅速往海里施放救生艇，由于右舷已严重变形破损，悬挂在这里的第2号和第4号救生艇已撞坏，无法使用，人们自发地赶到左舷，用太平斧砍下了第1号和第3号救生艇，以及两个橡皮救生筏。最后，这所为我国科考作出巨大贡献的船，船尾向下，船头朝上急速地沉没在我国东海。

这次海洋科学考察船沉没，是建国以来罕见的事故。事故的起因是一艘3 800亿千克的塞浦路斯籍"银角"号货轮，不顾雾天在繁忙航线上航行的规则，从侧面向"向阳红16"号船右舷撞击，该轮巨大的船鼻如一把利斧插入考察船的机舱，瞬时机舱进水，主机失去动力，连第3声警钟因电源中断而未拉响，就迅速沉没。造成近亿元的经济损失，严重影响了我国向国际有关组织承诺的大洋锰结核的考察任务，并有3名科考人员，因舱门变形无法打开而与船体沉没海底，这是多么沉痛的代价。

"向阳红16"号考察船是1981年建造的，排水量440万千克，最大航速19节，续航力达1万海里，抗风力12级。船上装有先进的通讯导航设备，以及海洋各学科的实验室和仪器，可在除极区以外的大洋海域进行海洋综合科学考察研究工作。

该船自建造以来，已5次赴太平洋进行多金属结核资源的考察任务，并多次在我国近海执行海洋科考工作，是国家海洋局40余艘海洋公务船中的骨干船。按船上配备的先进导航设备，在雾区航行是没有问题的，但是，由于对方违反雾区航行规则，当发现科考船在其前方时仍未采取回避措施，导致酿成这次船毁人亡的惨祸。

在长江口发生浓雾撞船事件是屡见不鲜的，因为这个海区是我国沿海的一个多雾区，入春后至盛夏前，东海自南向北进入雾季。

长江口至舟山群岛是这个海区的多雾中心之一，年平均雾日约60天，雾区可从沿岸向东延伸至东经126度附近，宽约300至400千米的范围，呈现出不规则的零碎雾块和雾堤，这里的海雾日变化也很明显，一般海雾多在夜间和清晨出现，中午最少。

◤ 人工消雾

大雾降低能见度、影响飞机起降、容易引发严重交通事故，人类

洛杉矶光化学烟雾

喷气式飞机能进行人工消雾

希望能适时进行人工消雾。我们把用人工播撒催化剂、人工扰动空气混合或在雾区加热等方法，使雾消散，称为人工消雾。

消冷雾的原理是瑞典气象学家1933年提出来的。他认为，在云雾中必须有冰核存在，水汽才能以它为中心，结成冰晶降落下来。如果雾中没有冰晶，对否用人工方法将冰晶引入雾中使之消散呢？当然可以办到，这就是人工消冷雾。

实际上，第一次人工降雪的道理正好与此类似。那是1946年11月，美国科学家谢弗乘一架小飞机，在层云上沿一条4.8千米的航线撒下了1.36千克的干冰，使整个云层变成了白雪。干冰是二氧化碳在负78.5摄氏度时凝结成的固体，把它洒在云雾中，可使云雾的水汽温度降低到负40摄氏度以下，并凝结成小冰晶，最后形成雪花掉下来。雪花掉下来，等于说消雾工作获得了成功。

消冷雾的关键问题是要产生冰晶，但产生冰晶必须使温度达到负40摄氏度以下。1克干冰大约可以产生1万亿个小冰晶，另外，如丙烷、液氮可以使云雾气温下降到负70摄氏度、负196摄氏度，所以它们的消雾效果也不错。俄罗斯、我国消雾工作就曾用过液氮。

人工消雾也有直接采用降雨方法的，如使用碘化银为代表的冰核就是这样。

碘化银的晶体和冰晶相似，这可以使水汽凝结在其上面。有一种方法是燃烧，即用高温把碘化银烧成小的烟粒，使它在饱和的低空雾中长成小冰晶，最后形成雨。我国气象研究院研制出高效的碘化银烟剂，每克碘化银可以产生10个冰核，是干冰的14倍。

实际上，消雾时常常要在地面设置多个催化剂撒播点，在地面上数米高度上施放催化剂，但这关系到风向和风速问题。国外的一些国家常布置多个撒播点，根据具体情况自动调整位置。

致于消暖雾，科学家们还在努力探索。国外曾有机场采用加热焚烧的办法驱雾，如巴黎奥利机场有一大群燃烧炉，在消雾时能自动点火，可耗油量很大，而且效果不明显，所以并不十分可取。

法国戴高乐机场还把喷气式飞机派上了用场，在有大雾时，工作值班人员开动喷气发动机，利用高温喷气来驱赶浓雾。另外，还有利用声磁波消雾的方法，也没有达到实用的程度。

◪ 青岛"雾牛"

青岛位于山东半岛南部沿海，胶州湾的出口处，是我国重要的商港和军港，每天进出港口的船只达百艘以上，但每年3至7月濛濛的海雾不时笼罩着青岛，给繁华都市人们的生活、生产带来诸多不便，特别是海上航运交通遇上这种天气，往往给海员们增添无限的烦恼和忧虑，这是无数血的教训留给他们的阴影。

青岛"雾牛"

大雾导致撞船事件

灯照明，特别是雾日连续几天，给人带来一种烦闷感，往往就在此时一种粗犷低沉的"哞！哞！"老牛似的吼声，会不断传到每个人的耳中，这种声音的反复出现，打破了周围空气的沉寂。

最严重的海雾造成的灾害是1976年4月，青岛胶州湾内连续4天浓雾，在这期间就有3艘货轮，在同一块礁石上触礁，造成搁浅或沉船的严重事故。

青岛为什么多雾?这是因为每逢春夏之交，受渤海冷水团的影响，沿山东半岛向南流经的海水温度要比周围低，此时南来的暖湿空气频频北上，青岛附近海域正处于冷暖交汇的地方，易形成海雾。

在雾季青岛平均每月有雾天多达12天，少则也有3天。每当海雾季节，天空异常混沌，白天也要开

人们称为"雾牛"的吼声，其实是一种导航设备。用于导航的发声设备很多，有雾笛、雾钟、雾哨等等。每当海面出现雾、雪、暴风雨或阴霾等天气时，海上能见度小于2海里，一般常使用的灯光或其它目视信号已失去作用，常用声响进行导航，"雾牛"正是声响导航的一种。

"雾牛"是本世纪初德国人修建的，实际上是一种电雾笛，其工作原理与我们常见的蒸汽火车头上的汽笛原理是一样的。1954年我

国又重新在团岛灯塔附近装上了电雾笛。这种电雾笛就是一个大功率的电喇叭。

雾漫青岛

电喇叭安装在塔的顶部，喇叭口正对着进出青岛港的航道；电喇叭的电源部分安装在塔的底部，有变压器、记数器、控制开关等。当海雾来临时，人工启动开关，电雾笛便每半分钟鸣发4次响声，周而复始，直至能见度大于2海里时，才关闭。

电雾笛构造简单，便于操作，占地面积小，维护费用少，实用性强，长期以来一直使用着。

雾笛的安装点位于青岛市区的西南角，临胶州湾畔，雾笛响声可传送5海里，可以回响在整个胶州湾和青岛市区，因而，初到青岛观光的人们，很难辨别出声音的确切位置，仿佛就是从海上传来的哞哞老牛叫声。

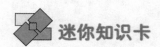 **迷你知识卡**

平流雾

是暖湿空气移到较冷的陆地或水面时，因下部冷却而形成的雾。通常发生在冬季，持续时间一般较长，范围大，雾较浓，厚度较大，有时可达几百米。

辐射雾

大雾种类繁多。根据雾的形成过程、物态和天气学系统，雾可分为冷却雾、混合雾和蒸汽雾3类。其中冷却雾又根据冷却原因，分为上坡雾、平流雾、辐射雾等。

第7章 树挂
——玲珑剔透的玉树琼枝

1. 雨凇和雾凇
2. 春秋时它叫"树稼"
3. 吉林雾凇奇观
4. 空气"清洁器"
5. 相互配合的大气物理变化
6. 松花江雾凇岛
7. 库尔滨雾凇
8. 庐山雾凇犹瑶界

◨ 雨凇和雾凇

在自然界里,地面物体上形成的冰晶和水滴并不都是霜和露。有一些貌似霜、露的现象,却是由其他气象条件造成的。

例如,某地区原来温度较低,各种地面物体的温度也就较低。遇到天气急遽变暖,有些大而重的物体却不能一下子变得和周围的空气一样暖,这样,在空气和这些物体之间便形成一个比较大的温差。如果这时温度在零摄氏度以下,便会在物体上形成冰晶,它叫做"硬凇"。如果温度在零摄氏度以上,便会在物体表面凝结成水滴,叫做"水凇"。冬天玻璃窗上的"窗霜"和"呵水"的形成就与此相似。

硬凇和水凇与霜、露都是由于空气和地面物体之间存在着温度差而形成的。但是,形成硬凇和水凇

硬凇

雾凇

的温度差是由天气变暖而引起的，形成霜、露的温度差却是由于地面物体辐射冷却所引起的。所以，它们所反映的天气条件不同，附着的物体也不尽一样，它们是不同的天气现象。

初冬或冬末，有时会出现一种奇怪现象，从空中掉下来的液态雨滴落在树枝、电线或其他物体上时，会突然冻成一层外表光滑晶莹剔透的冰层，这就是"雨凇"。这种滴雨成冰的现象是怎么回事呢？实际上这里的雨滴不是一般的雨滴，而是过冷雨滴。

这种情形并不常见，多在冷暖空气交锋，而且暖空气势力较强的情况下才会发生。这是靠近地面一层的空气温度较低，而其上又有温度高于摄氏零度的空气层或云层，再往上则是温度低于摄氏零度的云层，从这里掉下来的雪花通过暖层时融化成雨滴，接着当它进入靠近地面的冷气层时，雨滴便迅速冷却，由于这些雨滴的直径很小，温度虽然降到摄氏冷度以下，但还来不及冻结便掉了下来，当其接触到地面冷的物体时，就立即冻结，变成了我们所说的"雨凇"。

春秋时它叫"树稼"

另外，在有过冷却雾的时候，特别有利于冰晶在地面物体上增长。这时在电线上、树枝上形成了白色的冰花，叫做"雾淞"。在有雾而温度又高于零摄氏度的时候，雾滴沾附、汇聚在树叶或其他物体上，叫做"雾凝"，这在森林中最常见。

它们也都不是霜和露，因为形成的原因不同。

◣ 春秋时它叫"树稼"

在寒冷的天气，雾中无数零摄氏度以下而尚未结冰的雾滴在风中飘荡，当碰到在零度以下的树枝等物时，不断的积累，冻结，再次凝成白色松散的冰晶，叫做"雾淞"，俗称树挂。是北方冬季经常可以见到的一种类似霜降的自然现象，是一种冰雪美景。在南方高山地区也很常见，只要雾中有过冷水滴就可形成。

过冷水滴接触到同样低于冻结温度的物体时，便会形成雾淞。当水滴小到一碰上物体马上冻结时便会结成雾淞层或雾淞沉积物。雾淞层由小冰粒构成，在它们之间有气孔，这样便造成典型的白色外表和粒状结构。

由于各个过冷水滴的迅速冻结，相邻冰粒之间的内聚力较差，易于从附着物上脱落。被过冷却云环绕的山顶上最容易形成雾凇，它也是飞机上常见的冰冻形式，在寒冷的天气里泉水、河流、湖泊或池塘附近的蒸雾也可形成雾凇。雾凇是受到人们普遍欣赏的一种自然美景，但是它有时也会成为一种自然灾害。严重时会将电线、树木压断，造成损失。

中国是世界上记载雾凇最早的国家，千百年来中国古代人很早就对雾凇有了许多称呼和赞美。早在春秋时代成书的《春秋》上就有关于"树稼"的记载，也有的叫"树介"，就是现在所称的"雾凇"。

"雾凇"一词最早出现于南北朝时代宋·吕忱所编的《字林》里，其解释为："寒气结冰如珠见日光乃消，齐鲁谓之雾凇。"这是一千多年前最早见于文献记载的"雾凇"一词。

◨ 吉林雾凇奇观

吉林雾凇以仪态万方、独具丰韵的奇观，让络绎不绝的中外游客赞不绝口。吉林雾凇与桂林山水、云南石林和长江三峡同为中国四大自然奇观，却是这四处自然景观中最为特别的一个。每当雾凇来临，吉林市松花江岸十

自然美景——雾凇

里长堤"忽如一夜春风来，千树万树梨花开"，柳树结银花，松树绽银菊，把人们带进如诗如画的仙境。

清初文学家张岱在《湖心亭看雪》一文中描绘雪夜之西湖，有"雾凇沆砀，天与云与山与水，上下一白湖上影子，惟长堤一痕、湖心亭一点、与余舟一芥、舟中人两三粒而已。"的妙笔。

北方也有一些地方偶尔也有雾凇出现，但其结构紧密，密度大，对树木、电线及某些附着物有一定的破坏力。而吉林雾凇除了美丽之外，结构很疏松，密度很小，没有危害，而且还对人类有很多益处。

吉林雾凇正迎合了时下非常流行的一句话："我美丽、我健康！"现代都市空气质量的下降是让人担忧的问题，吉林雾凇可是空气的天然清洁工。人们在观赏玉树琼花般的吉林雾凇时，都会感到空气格外清新舒爽、滋润肺腑，这是因为雾凇有净化空气的内在功能。

空气中存在着肉眼看不见的大量微粒，其直径大部分在2.5微米以下，约相当于人类头发丝直径的四十分之一，体积很小，重量极轻，悬浮在空气中，危害人的健康。据美国对微粒污染危害做的调查测验表明，微粒污染重比微粒污染轻的城市，患病死亡率高15%，微粒每年导致5万人死亡，其中大部分是已患呼吸道疾病的老人和儿童。

吉林雾凇

雾凇是天然"消音器"

◥ 空气"清洁器"

雾凇初始阶段的凇附，吸附微粒沉降到大地，净化空气，因此，吉林雾凇不仅在外观上洁白无瑕，给人以纯洁高雅的风貌，而且还是天然大面积的空气"清洁器"。

注重保健的人都不会对空气加湿器、负氧离子发生器等感到陌生，其实吉林雾凇就是天然的"负氧离子发生器"。所谓负氧离子，是指在一定条件下，带负电的离子与中性的原子结合，这种多带负离子的原子，就是负氧离子。

负氧离子，也被人们誉为空气中的"维生素"、"环境卫士"、"长寿素"等，它有消尘灭菌、促进新陈代谢和加速血液循环等功能，可调整神经，提高人体免疫力和体质。在出现浓密雾凇时，因不封冻的江面在低温条件下，水滴分裂蒸发大量水汽，形成了"喷电效应"，因而促进了空气离子化，也就是在有雾凇时，负氧离子增多。

据测，在有雾凇时，吉林松花江畔负氧离子每立方厘米可达上千至数千个，比没有雾凇时的负氧离子可多5倍以上。

噪音也是现代都市生活给人们

带来的一个有害副产品，吉林雾凇是环境的天然"消音器"。噪音使人烦躁、疲惫、精力分散以及工作和学习效率降低，并能直接影响人们的健康以至于生命。

人为控制和减少噪音危害，需要一定条件，并且又有一定局限性。吉林雾凇由于具有浓厚、结构疏松、密度小、空隙度高的特点，因此对音波反射率很低，能吸收和容纳大量音波，在形成雾凇的成排密集的树林里感到幽静，就是这个道理。

此外，根据吉林雾凇出现的特点、周期规律等，还可反馈未来天气和年成信息，为各行各业兴利避害、增收创利做出贡献。

◪ 相互配合的大气物理变化

雾凇，这种天气现象的形成，是多种因素构成、复杂的大气过程。温度和湿度条件，只是具备了产生雾凇的基本条件。然而，促成雾凇形成的因素是多方面的，它既是复杂，又是相互配合的大气物理

雾凇

吉林市

变化过程。

很多地方的雾凇，只是达到形成雾凇的基本条件，但不够全面和充分有利，因此形成的雾凇一般不够理想。而吉林雾凇的成因，是由于具备得天独厚的充分有利的特殊条件，构成了有机地超越常规的物理机制的独特成因。

不冻江、雾多、雪多、空气湿度大、水汽充足、易饱和，这是形成吉林雾凇的充分条件，而这一条件，很大程度上是由于丰满水电站

所产生的。吉林冬季，不冻的江面向空中源源不断地蒸发大量水汽，雾多、雪多，有利空气湿度增大及雾凇出现频次增多。

从吉林市30年以上的气象资料的统计看出，不论是平均的雾日、雪日及雾凇日，还是最多的雾日、雪日及雾凇日，均是呈同步成正比例的，即雾多、雪多、雾凇也多，并且冬季各月相关性也很密切。

吉林市冬季早晨的相对湿度，

经常在95%以上，因而也可看出吉林市冬季空气湿度大、水汽充足、易饱和，从而雾凇的凝华过程显著，使形成吉林雾凇更加充分。

吉林的冬季辐射降温强，因而气温日差较大，并常有逆温层，使大气层结构稳定，是形成吉林雾凇的有利条件。地面白天通过短波方式接受太阳辐射，气温升高；到了夜间地面不仅失去日照增温，反而以长波方式还向空中散发热量，使夜间气温下降，这就是地面辐射降温。

吉林市冬季夜间长，辐射降温强，气温日较差大，经常在15至18摄氏度以上。气温日差较大，使空气易饱和，水汽凝结成凝华的就越多。这是因为空气能容纳的水汽是有一定限度的，并且气温高，可容纳水汽的能力多；气温低，容纳水汽能力少。

譬如，白天气温零下1零摄氏度，一立方米空气最多可容纳2.86毫米水汽；而到了夜间，气温下降到零下25摄氏度，最多可容纳水汽的能力仅有0.81毫米了，多余的

美丽的吉林市

航拍吉林

2.05毫米的水汽，就要变成水滴或冰晶了，这就是由于辐射降温造成的结果。

另外，辐射降温强还使地面气温比上层大气降温快，从而形成"逆温层"。

譬如，人们冬季早晨常看到大烟筒冒出的烟，到一定高度不再继续升高，而是横走的原因，就是"逆温层"造成的现象。由于地面冷，近地面空气密度大，而上层的大气不太冷，空气密度较小。因而大气就像头轻脚重的不倒翁一样，使大气层结构稳定不易变性，冷空气能持久。所以有利水汽凝结或凝华，因此辐射降温强有利于雾凇的形成。

碧空、少云、静风或微风，是形成吉林雾凇的必要条件。人们都知道夜间没有云时，气温低；而有云时就像地面的上空有个盖子，消弱了辐射降温，使气温降低的少，昼夜的温差不大。因而原来空气中水汽就不易凝结或凝华，这对雾及雾凇形成不利。

反之，夜间碧空或少云，气温下降明显，就有利雾凇的形成。吉林市晴天多，这是形成吉林雾凇的必要条件。风对吉林雾凇很敏感。在风速大的情况下，不仅破坏了水汽凝结和凝华，而且还把地面已经冷的空气带走，因而破坏了雾凇的形成。

吉林市冬季静风和微风，与其他风力相比占绝对优势。在静风或微风时，既保持了辐射降温，又不能把已经冷却的冷空气带走，这样很有利于凝结或凝华。

雾凇岛

因此，静风或微风，对吉林雾凇的形成的必要条件多；而夜间气温降低，大气持水能力减少就有多余水汽凝结，从不封冻的宽阔的松花江面向空中源源不断地蒸发大量水汽，就大大增加了空气中的饱和水汽量，所以说，这是形成吉林雾凇得天独厚的地理条件。

有利的大气候及独特的小气候，是形成吉林雾凇的关键条件。吉林市地处寒温带大陆性气候。

冬季本地高空盛行西北向的大气环流。它经常引导西伯利亚高纬度地区的冷空气一股股不断南下地面经常受稳定的西亚大型冷高气压天气系统控制，使贝加尔湖到蒙古的冷气团在本地持久停留，另外，季风特点又很明显，使偏北风的频率增多，而且经常有寒潮的降雪及突然降温的天气，这是形成雾凇的大气候背景。

◣ 松花江雾凇岛

松花江两岸树茂枝繁，冬日里不冻的江水腾起来的雾凇，遇到寒冷的空气，在树上凝结为霜花，气象学称之为"雾凇",当地群众称为"树挂"。

腊月严冬,每当雾凇出现的时候,10里长堤上的垂柳青枝变成琼枝玉树,一片晶莹,江岸雾凇缭绕。清早,当晨光揭开雾霭的沙缦时,十里长堤,松柳银装,玉树临风,雪光岚气,云蒸霞蔚。人在其中,犹入仙境。

吉林市的雾凇早已远近闻名,然而人们了解最多的大多数是市区一带的十里长堤,却少有人知道距吉林市35千米的松花江下游有一个雾凇岛。

雾凇岛因雾凇多且美丽而得名。这里的地势较吉林市区低,又有江水环抱。冷热空气在这里相交,冬季里几乎天天有树挂,有时一连几天也不掉落。

岛上的曾通屯是欣赏雾凇最好的去处,曾有"赏雾凇,到曾通"之说。这里树形奇特,沿江的垂柳挂满了洁白晶莹的霜花,江风吹拂银丝闪烁,景色既野又美。

雾凇只有冬季才出现。到吉林观赏雾凇的最佳季节是每年的12

雾凇岛

库尔滨雾凇

月下旬到第二年的2月底，这是因为雾凇的形成有它自己独特的环境和条件。雾凇通称为"树挂"，是雾气和水汽遇冷凝结在枝叶上的冰晶，分为粒状和晶状两种。

粒状雾凇结构紧密，形成一粒粒很小的冰块，而晶状雾凇结构比较松散，呈较大的片状。吉林的雾凇就属于晶状。

隆冬时节，沿着松花江的堤岸望去，你会看到一道神奇而美丽的风景线：松柳凝霜挂雪，戴玉披银，如朵朵白云，排排雪浪，十分壮观。

库尔滨雾凇

"寒江晓雾，正冰天、树树凇花云叠。昨夜飞琼千万缕，谁剪条条晴雪？冰羽晶莹，霓裳窈窕，欲舞高寒阙。烟波照影，翩翩思与谁约？"黑龙江伊春库尔滨河流域的雾凇正舒展身姿，静候全国各地的摄影爱好者。

库尔滨是鄂伦春语的译音，翻译过来就是"渔场"的意思。由此可见，过去这里鱼类繁多。至今，这里仍是出产鲜鱼的盛地。库尔滨景区四季皆宜，所谓春如梦，夏如滴，秋如醉，冬如玉，便是库尔滨的真实写照。库尔滨雾凇是小兴安岭冬季的一处奇景，有长达4个月的雾凇景观，吸引了大量的国内外摄影爱好者和旅游者。

库尔滨河位于黑龙江省黑河市行政管辖区和伊春市红星林业局林业施工区的交叉地带，是红星湿地国家级自然保护区所在地。

库尔滨雾凇因库尔滨河而成。库尔滨河由梅山、西丰、阳光、克林、丰桦和翠北6条主要河流汇聚形成，发源于伊春友好林业局，经逊克县注入黑龙江，河流长达300多千米。上游建有库尔滨水库，库尔滨水库属高山堰塞湖。

库尔滨雾凇形成的周期长，可达4个月之久，雾凇每天的停留时间多达10小时。库尔滨水电站下游沿岸长达15千米的雾凇林，面积达到300平方千米。雪野无垠，银装素裹。库尔滨河是一条由山地平原和大山共拥的河流。

库尔滨雾凇

河谷两岸每天清晨都挂满雾凇,东岸峭壁如刀削般巍然屹立,河中怪石嶙峋,西岸火山岩高低错落,撒满银雪,似孩童手中的棉花糖,让人不忍触摸,也使得众多摄影家们"折腰"于此。

每当瑞雪飘飘之季,整个风景区成了晶莹世界,登高望去,棵棵树木变成了丛丛珊瑚,真是奇松佩玉,怪石披银,山峰闪光,花草晶莹。银妆素裹的冰雪世界更显得神秘、隽妙,仪态万方。库尔滨雾凇堪与吉林雾凇媲美。

库尔滨雾凇岛位于红星火山地质公园北部7千米处,是"林都伊春冬季摄影大赛"推出的十大景点之一。曾有人说,秋天的库尔滨是最绚烂的;也有人说,冬天里的库尔滨才有它自己的独特的气质。

库尔滨雾凇和火山地貌、杜鹃花海共同构成红星火山岩地质公园和红星湿地国家级自然保护区或大平台湿地自然保护区的三大奇特景观。每年来此赏景的人络绎不绝。

雪数银花

冰挂

◩ 庐山雾凇犹瑶界

江西庐山雾凇冰挂奇观令人惊叹。雾凇组成的冰花世界，点点滴滴裹嵌在草木之上，结成各式各样美丽的冰凌花，有的则结成钟乳石般的冰挂，满山遍野银装素裹。

雪花飘飘洒洒时，树枝便伸出一个个绿巴掌，雪花在绿掌上垒起一团团棉朵，四周镶着绿边儿，层层叠叠，错落有致。轻击树身，你就知道李煜词中的"砌下落梅如雪乱，拂了一身还满"中的"如雪乱"，是如何把贴切了。雪停日出，树上的积雪慢慢融化；黄昏后，滴滴水珠便在绿枝间垂成千万根晶亮的冰条，将树木装饰得富丽典雅。

含鄱口的雾凇多为倾斜的树干挂满了冰挂，树木愈加地倾斜了，但庐山上的松树是经得住这寒风冰雪的考验的，咬住青山不放松，把美丽动人的景致留给了游人。

迷你知识卡

寒　潮

冬季的一种灾害性天气，群众习惯把寒潮称为寒流。所谓寒潮，就是北方的冷空气大规模地向南侵袭我国，造成大范围急剧降温和偏北大风的天气过程。寒潮一般多发生在秋末、冬季、初春时节。

冰　挂

指超冷却的降水碰到温度等于或低于零摄氏度的物体表面时所形成玻璃状的透明或无光泽的表面粗糙的冰覆盖层。

冰挂

第8章

"天凌"
——奇妙的冰雪世界

1. 覆盖在树枝表面的冰挂
2. 雨凇形成的前提
3. 冷暖空气打架
4. 山地湖泊多雨凇
5. 雨凇的危害
6. 寒潮带来雨凇
7. 最大的雨凇
8. 人工除凇

◼ 覆盖在树枝表面的冰挂

超冷却的降水碰到温度等于或低于零摄氏度的物体表面时所形成玻璃状的透明或无光泽的表面粗糙的冰覆盖层，叫做雨凇。俗称"树挂"，也叫冰凌、树凝，形成雨凇的雨称为冻雨。我国南方把冻雨叫做"下冰凌"、"天凌"或"牛皮凌"。

凇和雾凇的形成机制差不多，通常出现在阴天，多为冷雨产生，持续时间一般较长，日变化不很明显，昼夜均可产生。

《春秋》载：成公十六年十有六年春、王正月、雨木冰。这则记载的意思是：鲁成公十六年春天、周历正月、下雨、树木枝条上凝聚了雨冰。这是世界上对雨凇的较早记载。

雨凇比其他形式的冰粒坚硬、透明而且密度大，和雨凇相似的雾凇密度却只有每立方厘米0.25克。

树挂

冻雨

略低于零摄氏度的空气中能够保持过冷状态，其外观同一般雨滴相同，当它落到温度为零摄氏度以下的物体上时，立刻冻结成外表光滑而透明的冰层，称为雨凇。严重的雨凇会压断树木、电线杆，使通讯、供电中止，妨碍公路和铁路交通，威胁飞机的飞行安全。

雨凇的结构清晰可辨，表面一般光滑，其横截面呈楔状或椭圆状，它可以发生在水平面上，也可发生在垂直面上，与风向有很大关系，多形成于树木的迎风面上，尖端朝风的来向。根据它们的形态分为梳状雨凇、椭圆状雨凇、匣状雨凇和波状雨凇等。

◣ 雨凇形成的前提

形成雨凇的雨叫冻雨，冻雨是由过冷水滴组成，与温度低于零摄氏度的物体碰撞立即冻结的降水，是初冬或冬末春初时节见到的一种灾害性天气。

低于零摄氏度的雨滴在温度

冻雨是初冬或冬末春初时节见到的一种天气现象。当较强的冷空气南下遇到暖湿气流时，冷空气像楔子一样插在暖空气的下方，近地层气温骤降到零度以下，湿润的暖空气被抬升，并成云致雨。

当雨滴从空中落下来时，由于近地面的气温很低，在电线杆、树木、植被及道路表面都会冻结上一层晶莹透亮的薄冰，气象上把这种天气现象称为"冻雨"。

我国南方一些地区把冻雨又叫做"下冰凌"，北方地区称它为"地油子"或者"流冰"。雨滴与地面或地物、飞机等物相碰而即刻冻结的雨称为冻雨。

这种雨从天空落下时是低于零摄氏度的过冷水滴，在碰到树枝、电线、枯草或其他地上物，就会在这些物体上冻结成外表光滑、晶莹透明的一层冰壳，有时边冻边淌，像一条条冰柱。

这种冰层在气象学上又称为"雨淞"或冰凌。冻雨是过冷雨滴或毛毛雨落到温度在冰点以下的地面上，水滴在地面和物体上迅速冻结而成的透明或半透明冰层，这种冰层可形成"千崖冰玉里，万峰水晶中'的壮美景象。

如遇毛毛雨时，则出现粒淞，粒淞表面粗糙，粒状结构清晰可辨；如遇较大雨滴或降雨强度较大时，往往形成明冰淞，明冰淞表面光滑，透明密实，常在电线、树枝或舰船上一边流一边冻，形成长长的冰挂。

冻雨多发生在冬季和早春时期。我国出现冻雨较多的地区是贵

庐山雾淞

州省，其次是湖南省、江西省、湖北省、河南省、安徽省、江苏省及山东省、河北省、陕西省、甘肃省、辽宁省南部等地，其中山区比平原多，高山最多。雨水从空中落下来结成冰，能致害吗？能，这种冰积聚到一定程度时，不仅有害，而且危害不浅。

太阳出来后，在阳光的照跃下的冰柱闪闪发亮，分外妖娆，冻雨给人们增添了秀丽动人的景色。但它造成的危害也是十分严重的。

如电线上结上冰凌后增加了重量、遇冷会发生收缩，使得电线绷断，导致通信和输电中断事故；农作物遇到冻雨后被冻伤、冻死；地面上结冰，交通事故将剧增。所以，持续数天出现冻雨，其造成的灾害还是很大的。

◤ 冷暖空气打架

雨凇和雾凇的形成机制差不多，通常出现在阴天，多为冷雨产生，持续时间一般较长，日变化不很明显，昼夜均可产生。雨凇是在特定的天气背景下产生的降水现象。

形成雨凇时的典型天气是微寒且有雨，风力强、雾滴大，多在冷空气与暖空气交锋，而且暖空气势力较强的情况下才会发生。

在此期间，江淮流域上空的西北气流和西南气流都很强，地面有冷空气侵入，这时靠近地面一层的空气温度较低，1 500至

黄山雾凇

雨凇往往成为一种灾害

3 000米上空又有温度高于摄氏零度的暖气流北上，形成一个暖空气层或云层，再往上3 000米以上则是高空大气，温度低于摄氏零度，云层温度往往在负10摄氏度以下，即2 000米左右高空，大气温度一般为零摄氏度左右，而2 000米以下温度又低于零摄氏度。

也就是近地面存在一个逆温层。大气垂直结构呈上下冷、中间暖的状态，自上而下分别为冰晶层、暖层和冷层。

从冰晶层掉下来的雪花通过暖层时融化成雨滴，接着当它进入靠近地面的冷气层时，雨滴便迅速冷却，成为过冷却雨滴时，仍呈液态，被称为"过冷却"水滴，如过冷却雨滴、过冷却雾滴。形成雨凇的雾滴、水滴均较大，而且凝结的速度也快。由于这些雨滴的直径很小，温度虽然降到摄氏零度以下，但还来不及冻结便掉了下来。

当这些过冷雨滴降至温度低于零摄氏度的地面及树枝、电线等物体上时，便集聚起来布满物体表面，并立即冻结。

冻结成毛玻璃状透明或半透明的冰层，使树枝或电线变成粗粗的冰棍，一般外表光滑或略有隆突。有时还边滴淌、边冻结，结成一条

钟乳石般的冰柱

条长长的冰柱。就变成了我们所说的"雨凇"。

如果雨凇是由非过冷却雨滴降到冷却得很厉害的地面或物体上及雨夹雪凝附和冻结而形成的时候，即由外表非晶体形成的冰层和晶体状结冰共同混合组成，一般这种雨凇很薄而且存在的时间不长。

◤ 山地湖泊多雨凇

雨凇以山地和湖区多见。中国大部分地区雨凇都在12月至次年3月出现。中国年平均雨凇日数分布特点是南方多、北方少，但华南地区因冬暖，极少有接近零度的低温，因此既无冰雹也无雨凇；潮湿地区多而干旱地区少，尤以高山地区雨凇日数最多。

中国年平均雨凇日数在20至30天以上的台站，差不多都是高山站。而平原地区绝大多数台站的年平均雨凇日数都在5天以下。

雨凇大多出现在1月上旬至2月上、中旬的一个多月内，起始日期具有北方早，南方迟，山区早、平原迟的特点，结束日则相反。地势较高的山区，雨凇开始早，结束晚，雨凇期略长。如皖南的黄山光明顶，雨凇一般在11月上旬初开始，次年4月上旬结束，长达5个月之久。

据统计，江淮流域的雨凇天气，沿淮的淮北地区2至3年一遇，淮河以南7至8年一遇。但在山区，山谷和山顶差异较大，山区的部分谷地几乎没有雨凇，而山势较高处几乎年年都有雨凇发生。

在60年代里，广州没有出现过雨凇，上海、北京、哈尔滨平均每年仅分别出现0.1天、0.7天和0.5天。中国雨凇日数最多的台站是峨眉山气象站，平均每年出现141.3天，最多年份167天，其次是金佛山70.2天，最多年份93天，第三位

湖北巴东的绿葱坡61.5天，最多年份90天，都出现在南方高山地区。

北方的雨凇既不多也不严重，干旱地区尤少。北方雨凇日数最多的地方就是甘肃省通谓的华家岭、华山和长白山天池，它们平均每年分别出现29.6天、19.8天和18.5天，也都是高山台站。

雨凇最多的季节，冬季严寒的北方地区以较温暖的春秋季节为多，如长白山天池气象站雨凇最多月份是5月，平均出现5.7天，其次是9月，平均雨凇日3.5天，冬季12月至3月因气温太低没有出现过雨凇。而南方则以较冷的冬季为多，

美轮美奂

雨凇点排剑场

如峨眉山气象站12月雨凇日数平均多达26.4天,1月份也达24.6天,甚至有的年份12月、1月和3月都曾出现过天天有雨凇的情况。

雨凇组成的冰花世界,点点滴滴裹嵌在草木之上,结成各式各样美丽的冰凌花,有的则结成钟乳石般的冰挂,满山遍野一片银装素裹的世界。

茫茫群峰是座座冰山,那造型奇特的松树、遍地的灌木,此时也成为银花盛开的玉树,仿佛银枝玉叶,分外诱人;满枝满树的冰挂,犹如珠帘长垂,山风拂荡,分外晶莹耀眼,如进入了琉璃世界;冰挂撞击,叮当作响,宛如曲动听的仙乐,和谐有节,清脆悦耳;山峦、怪石之上,茫茫一片,似雪非雪,仿佛披上一层晶莹的玉衣,光彩照人,在冬天灿烂的阳光下,分外晶莹剔透、闪烁生辉,蔚为奇观。

虽然雨凇使大地银装素裹,晶莹剔透,美轮美奂,风光无限,但雨凇却是一种灾害性天气,不易铲除,破坏性强,它所造成的危害是不可忽视的。

◪ 雨凇的危害

雨凇与地表水的结冰有明显不同,雨凇边降边冻,能立即粘附在裸露物的外表而不流失,形成越来越厚的坚实冰层,从而使物体负重加大,严重的雨凇会压断树枝、农作物、电线,房屋,妨碍交通。

雨凇最大的危害是使供电线路中断,高压线高高的钢塔在下雪天时，可以会承受2至3倍的重量，但是如果有雨凇的话，可能会承受10至20倍的电线重量，电线或树枝上出现雨凇时，电线结冰后，遇冷收缩，加上风吹引起的震荡和雨凇重量的影响，能使电线和电话线不胜重荷而被压断，几千米以致几十千米的电线杆成排倾倒，造成输电、通讯中断，严重影响当地的工农业生产。

历史上许多城市出现过高压线路因为雨凇而成排倒塌的情况。

雨凇也会威胁飞机的飞行安全，飞机在有过冷水滴的云层中飞行时，机翼、螺旋桨会积水，影响飞机空气动力性能造成失事。因此，为了冬季飞行安全，现代飞机基本都安装有除冰设备。当路面上形成雨凇时，公路交通因地面结冰而受阻，交通事故也因此增多，山区公路上地面积冰也是十分危险的，往往易使汽车滑向悬崖。

由于冰层不断地冻结加厚，常会压断树枝，因此雨凇对林木也会造成严重破坏。坚硬的冰层也能使覆盖在它下面的庄稼糜烂，如果麦

雨滴冷却状态

田结冰，就会冻断返青的冬小麦，或冻死早春播种的作物幼苗。另外，雨凇还能大面积地破坏幼林、冻伤果树。农牧业和交通运输等方面受到较大程度的损失。严重的冻雨也会把房子压塌，危及人们的生命财产安全。

雨凇造成灾害的可能性与程度，都大大超过雾凇，在高纬度地区，雨凇是常出现的灾害性天气现象。

消除雨凇灾害的方法，主要是在雨凇出现时，采取人工落冰的措施，发动输电线沿线居民不断把电线上的雨凇敲刮干净，并对树木、电网采取支撑措施；在飞机上安装除冰设备或干脆绕开冻雨区域飞行。可部分减轻雨凇带来的危害。

总之，冻雨是冬季的一种低温灾害，为了出行安全，交通运输、航空、铁路、公路、电力、电信、邮政等部门以及广大民众都应十分重视。

天上的雨滴掉下来，落在电线、物体和地面上，马上结成透明或半透明的冰层，使电线变成粗粗的冰棍，使地面积起了厚厚的冰层。这就叫雨凇，有的地方叫冰凌。

雨凇的产生必须要在近地层里有温度向上递增的条件。所以从高层气温高于零度的气层中下降的雨滴，到了近地面层中因为气温低于零度，使雨滴呈过冷却状态。这种过冷却水滴落在一切温度接近零度或零度以下的物体和地面上便立即冻成雨凇。

雨凇也是一种灾害性天气

雨滴冷却状态

　　雨凇也是一种灾害性天气，可以使电线不胜重荷而断裂，几千米以致几十千米的电杆成排倾倒，使通讯和输电断绝，严重影响当地的工农业生产。例如广东北部1969年初的一场严重的冻雨，使工业集中的粤北地区电讯交通中断，工矿停电停产一个多星期。还有1972年2月日湖南、贵州、江西等地出现了一次大范围的冻雨天气，最严重的地段电线结冰近10厘米粗细。

　　使电报电话都不通。山区公路上地面积冰也是十分危险的，往往易使汽车滑向悬崖。1977年10，承德地区罕塞坝林场下了一场历史上少见的雨凇。使大约60万棵树木折断，损失木材约96万立方米，折合人民币约2 800万元之巨。

　　雨凇最多的季节，冬季严寒的北方地区以较温暖的春秋季节为多，如长白山天池气象站雨凇最多月份是5月，平均出现5.7天，其次是9月，平均雨凇日3.5天，冬季12月至3月因气温太低没有出现过雨凇。

　　而南方则以较冷的冬季为多，如峨眉山气象站12月雨凇日数平均多达26.4天，1月份也达24.6天，甚至有的年份12月、1月和3月都曾出现过天天有雨凇的情况。

寒潮带来雨凇

2010年12月，辽宁大连市出现雨凇天气，先是雨夹雪，后是下雪，昨天从早6点至下午2时，大连气温都在零下10摄氏度以下。

随着寒潮光临本市，加上雨夹雪天气，致使路面结冰，让大连出现了少有的雨凇天气。市气象台的专家查阅了历史资料，此次出现的雨凇是大连从1951年有气象记录以来第四次出现雨凇天气。

市气象台的专家介绍，其实大连降雪量仅为2.7毫米，同时出现了雨凇和冰粒等天气。这是大连历史上出现的第四次雨凇。此次降水过程先是雨夹雪，后是下雪，并且出现了历史上少有的雨凇天气。

自有气象记录以来，1954出现本市第一次雨凇天气，第二次是在1970年，第三次出现在1978年，

雨凇的另一种形态

第四次就是2010年。令人奇怪的是，第一次与第三次，第二次与本次出现雨凇的时间非常吻合，这纯属巧合。前晚雨夹雪后，路面出现了结冰。

对于雨凇这一特殊天气现象，冻雨、雨凇在南方地区比较多见，但在大连市发生冻雨和雨凇实属罕见。

因此，人们出行时，请小心慢行，尽量减少外出；交通、公安等部门做好道路结冰应急和抢险工作；交通、公安等部门注意指挥和疏导行驶车辆，必要时关闭结冰道路交通。

◪ 最大的雨凇

天上不断下雨，导线积冰愈来愈粗，到底最大积冰直径曾有多粗？根据气象资料挑选，中国雨凇积冰最大直径出现在衡山南岳，达1 200毫米，其次是巴东绿葱坡711毫米，再次为湖南雪峰山的648毫米。

雪的世界

大家也许会吓一跳，不用说1 200毫米，就是95毫米也是够"粗"的啦，导线能承受了吗？气象站用的是什么特殊导线呢？的确雨凇在结冰的过程中，导线变得越来越粗，但当雨凇积累到一定直径时，"雨凇冰棍"必然逐渐碎裂，这时气象观测人员就干脆全部清除残冰，让雨凇重新在导线上冻结。

在高山上，也许要连续清除几次以至十几次，雨凇过程才告停止。按气象部门规定，各次碎裂时最大直径之和就是全部雨凇过程的最大积冰直径，这就是1 200毫米的来历。

也许有的读者会说，这种计算

钟乳石般的雨凇

法不真实，如果导线上积冰不掉，导线也不断，雨凇过程的最大积冰直径也许不会这么大吧！是的，也许如此。不过目前还没有更好的观测办法。

导线上的积冰太重，是会造成输电和通讯中断的。中国雨凇的最大积冰重量又有多大呢？

1962年11月24日发生在衡山南岳的一次雨凇积冰，每米导线上积了16 872克，即16.872千克的重量，是中国目前全部记录中的冠军。其他重量较大的纪录有：湖南雪峰山15 616克，黄山12 148克，庐山5 468克和金佛山5 440克等。

河南省商丘县1966年3月的一场雨凇，最大直径160厘米，最大积冰直径每米1 400克，则是60年代平地气象站中的罕见记录了。

◤ 人工除凇

消除冻雨灾害的方法，主要是

在冻雨出现时，发动输电线沿线居民不断把电线上的雨凇敲刮干净；在飞机上安装除冰设备或干脆绕开冻雨区域飞行。

对于公路上的积冰，及时撒盐融冰，并组织人力清扫路面。如果发生事故，应当在事发现场设置明显标志。在冻雨天气里，人们应尽量减少外出，如果外出，要采取防寒保暖和防滑措施，行人要注意远离或避让机动车和非机动车辆。司机朋友在冻雨天气里要减速慢行，不要超车、加速、急转弯或者紧急制动，应及时安装轮胎防滑链。

对冻雨的观测是观测站通过直接看到地表物体上的凝结现象来确定，目前还无法通过气象雷达、多普勒仪或其他传统的观测法来观测；但可以通过雷达来间接预计冻雨形成的可能性有多大。

雷达信号的反射强度与降水的

形式的半径有关。虽然雨比雪反射信号更强，但由于雨滴的半径比雪花小得多，因此从雪融化来的雨并不比之前雪的信号强多少。

然而，在雪刚开始融化的气流层，雪花半径没有太大变化并且雪花上出现水滴，两者效应相加，导致此时的雷达信号的反射强度非常高。

因此，在雷达屏幕上见到这种强反射信号，就意味着相应地区上空有暖气流层并且有雪融化，该地区会有降雨或冻雨。如果此时地表温度低于结冰温度，就很有可能形成冻雨。

雨凇的另一种形态

雪的世界

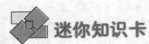

迷你知识卡

冻 雨

是由过冷水滴组成，与温度低于零摄氏度的物体碰撞立即冻结的降水，是初冬或冬末春初时节见到的一种灾害性天气。低于零摄氏度的雨滴在温度略低于零摄氏度的空气中能够保持过冷状态，其外观同一般雨滴相同，当它落到温度为零摄氏度以下的物体上时，立刻冻结成外表光滑而透明的冰层，称为雨凇。

严重的雨凇会压断树木、电线杆，使通讯、供电中止，妨碍公路和铁路交通，威胁飞机的飞行安全。

冰 凌

水在零摄氏度或低于零摄氏度时，凝结成的固体称为冰，流动的冰称为凌。

第9章 那些和雾凇有关的美丽故事

1. "寒江雪柳，玉树琼花"
2. 大自然赋予人类的精美艺术品
3. "北国江城"一枝独秀
4. 冬来我家看雾凇
5. 雾凇情怀

◼ "寒江雪柳，玉树琼花"

吉林雾凇与桂林山水、云南石林和长江三峡同为中国四大自然奇观，却是这四处自然景观中最为特别的一个。雾凇俗称树挂，是大自然中较为常见的现象，在中国和世界的许多地方都能看到它的身影，为什么偏偏吉林市的雾凇一枝独秀呢？

吉林雾凇仪态万千、独具丰韵的奇观，让络绎不绝的中外游客赞不绝口。然而很少有人知道雾凇对自然环境、人类健康所做的贡献。吉林雾凇正迎合了时下非常流行的一句话："我美丽、我健康！"

每当雾凇来临，吉林市松花江岸十里长堤"忽如一夜春风来，千树万树梨花开"，柳树结银花，松树绽银菊，把人们带进如诗如画的仙境。

江泽民总书记1991年在吉林市视察期间恰逢雾凇奇景，欣然秉笔，写下"寒江雪柳，玉树琼花，

寒江雪柳

吉林树挂，名不虚传"之句。1998年他又赋诗曰："寒江雪柳日新晴，玉树琼花满目春。历尽天华成此景，人间万事出艰辛。"

在美丽之外，吉林雾凇也有很多实际的用处。北方也有一些地方偶尔也有雾凇出现，但其结构紧密，密度大，对树木、电线及某些附着物有一定的破坏力。而吉林雾凇不仅因为结构很疏松，密度很小，没有危害，而且还对人类有很多益处。

现代都市空气质量的下降是让人担忧的问题，吉林雾凇可是空气的天然清洁工。人们在观赏玉树琼花般的吉林雾凇时，都会感到空气格外清新舒爽、滋润肺腑，这

雾凇的初级形式

是因为雾凇有净化空气的内在功能。空气中存在着肉眼看不见的大量微粒，其直径大部分在2.5微米以下，约相当于人类头发丝直径的四十分之一，体积很小，重量极轻，悬浮在空气中，危害人的健康。据美国对微粒污染危害做的调查测验表明，微粒污染重比微粒污染轻的城市，患病死亡率高15%，微粒每年导致5万人死亡，其中大部分是已患呼吸道疾病的老人和儿童。

雾凇初始阶段的凇附，吸附微粒沉降到大地，净化空气，因此，吉林雾凇不仅在外观上洁白无瑕，给人以纯洁高雅的风貌，而且还是天然大面积的空气"清洁器"。

注重保健的人都不会对空气加湿器、负氧离子发生器等感到陌生，其实吉林雾凇就是天然的"负氧离子发生器"。所谓负氧离子，是指在一定条件下，带负电的离子与中性的原子结合，这种多带负离子的原子，就是负氧离子。

负氧离子，也被人们誉为空气中的"维生素"、"环境卫士"、

"长寿素"等，它有消尘灭菌、促进新陈代谢和加速血液循环等功能，可调整神经，提高人体免疫力和体质。

雾松成丰的真状

在出现浓密雾凇时，因不封冻的江面在低温条件下，水滴分裂蒸发大量水汽，形成了"喷电效应"，因而促进了空气离子化，也就是在有雾凇时，负氧离子增多。据测，在有雾凇时，吉林松花江畔负氧离子每立方厘米可达上千至数千个，比没有雾凇时的负氧离子可多5倍以上。

噪音也是现代都市生活给人们带来的一个有害副产品，吉林雾凇是环境的天然"消音器"。噪音使人烦躁、疲惫、精力分散以及工作和学习效率降低，并能直接影响人们的健康以至于生命。

人为控制和减少噪音危害，需要一定条件，并且又有一定局限性。吉林雾凇由于具有浓厚、结构疏松、密度小、空隙度高的特点，因此对音波反射率很低，能吸收和容纳大量音波，在形成雾凇的成排密集的树林里感到幽静，就是这个道理。

此外，根据吉林雾凇出现的特点、周期规律等，还可反馈未来天气和年成信息，为各行各业兴利避害、增收创利做出贡献。

◢ 大自然赋予人类的精美艺术品

以前人们都将雾凇叫做"树挂"，时至今日，大家都已对"雾凇"这个名称不再陌生，说起这个名称的普及，还真有一个小故事呢！

1987年国家电影电视部决定拍

美丽的树挂

《吉林树挂》，将吉林市这一特殊的自然景观搬上银幕，并送联合国对外宣传。北京科教电影制厂在吉林市政府支持下，来吉林市采访和拍摄，责成在本地从事研究树挂的气象科技工作者撰写脚本，将吉林树挂这一奇观做为旅游资源对外宣传。作者认为应该用它的学名"雾凇"为好，当时这一建议经研究被采纳了。

可是那时候人们叫雾凇还不习惯，不少人感到陌生和别扭，说这种称呼不通俗，不大众化，后经过解释、宣传，被部分人所接受。在吉林市举办过几届雾凇冰雪节后，"雾凇"一词不仅被江城父老所接受，家喻户晓，而且名扬中外。

中国是世界上记载雾凇最早的国家，千百年来我国古代人很早就对雾凇有了许多称呼和赞美。

早在春秋时代成书的《春秋》上就有关于"树稼"的记载，也有的叫"树介"，就是现在所称的"雾凇"。

"雾凇"一词最早出现于南北朝时代宋·吕忱所编的《字林》里，其解释为："寒气结冰如珠见日光乃消，齐鲁谓之雾凇。"这是1 500多年前最早见于文献记载的"雾凇"一词。

而最玄妙的当属"梦送"这一称呼。宋末黄震在《黄氏日钞》中说，当时民间称雾凇为"梦送"，意思是说它是在夜间人们做梦时天公送来的天气现象。

雾凇是其学名，现代人对这一自然景观有许多更为形象的叫法。因为它美丽皎洁，晶莹闪烁，像盎然怒放的花儿，被称为"冰花"；因为它在凛冽寒流袭卷大地、万物失去生机之时，像高山上的雪莲，凌霜傲雪，在斗寒中盛开，韵味浓郁，被称为"傲霜花"；因为它是大自然赋予人类的精美艺术品，好似"琼楼玉宇"，寓意深邃，为人类带来美意延年的美好情愫，被称为"琼花"；因为它像气势磅礴的落雪挂满枝头，把神州点缀得繁花似锦，景观壮丽迷人，成为北国风光之最，它使人心旷神怡，激起各界文人骚客的雅兴，吟诗绘画，抒发情怀，被称为"雪柳"。

远远望去，一排排杨柳的树冠似烟似雾，与天上的蓝天白云相接，让人分不清天地的界限。忽然，几个红的蓝的颜色从树丛里冒了出

来，好像不小心滴在宣纸上的几点颜料，在白茫茫的背景下格外显眼。

枝桠间的雾凇仿佛洁白的雪花。可谁能想到它的降临要经历比雪复杂百倍的物理变化呢？这种厚度达到四五十毫米的雾凇是最罕见的一个品种，要具备足够的低温和充分的水汽这两个极为苛刻且互相矛盾的自然条件才能形成，而且轻微的温度和风力变化都会给它带来致命的影响。了解到这一点，你还会觉得游人有意、雾凇无情吗？

雾凇的"挥挥手，不带走一丝云彩"的品格自古以来就为文人墨

如烟似雾的雾凇

客所称颂。

◤ "北国江城" 一枝独秀

冬季的吉林市零下20摄氏度以下的天数达到60至70天，奇妙的是穿城而过的松花江水在冬日里同样奔腾不息。原来，从此溯流而上15千米就是著名的丰满水电站，水电站大坝将江水拦腰截断，形成人工湖泊——松花湖。

近百亿立方米的水容量使得冬季的松花湖表面结冰，水下温度却保持在零摄氏度以上。特别是湖水经过水电站发电机组后温度有所升高，再顺流而下，就形成几十千米

吉林松花江畔

江面临寒不冻的奇特景观，同时也具备了形成雾凇的两个必要而又相互矛盾的自然条件：足够的低温和充分的水汽。

江水与空气之间巨大的温差，将松花江源源不断释放出的水蒸气凝结在两岸的树木和草丛之间，形成厚度达到40～60毫米的树挂，远远超过通常为5～10毫米的普通树挂的厚度。俄罗斯杰巴里采夫斯克雾凇专业站通过上百年的观测，证明雾凇家族中最罕见的品种是毛茸形晶状雾凇。

而吉林雾凇正是这种雾凇中厚度最厚、密度最小和结构最疏松的一种，这种雾凇的组成冰晶将光线几乎全部反射，观赏起来格外晶莹剔透，无愧于被称为精品中的精品。

吉林雾凇的形成是一个复杂的大气物理变化过程，它的降临固然不易，存活更是难上加难，轻微的气温升高或者风速加大都会造成它的脱落，因而大规模的雾凇现象较为罕见。2002年12月

下旬，吉林雾凇连续现身七天，引得无数游人前来观赏。冰封时节，草木凋零，万物失去生机，然而"忽如一夜春风来，千树万树梨花开"，琼枝玉叶的婀娜杨柳、银菊怒放的青松翠柏千姿百态，让人目不暇接，流连忘返。

雾城吉林

难能可贵的是，吉林雾凇不仅让人大饱眼福，而且能将空气中危害人类健康的大量微粒吸附沉降到大地，因此被称作"空气清洁器"。要知道，并不是所有的雾凇都是有益无害的，很多地方的雾凇由于密度过大，对树木、电线及其他附着物具有一定的破坏力。

此外，吉林市气象部门还根据雾凇出现的特点、规律来预测天气和年景，为工农业生产提供服务。

具有三百余年历史的国家历史文化名城吉林市有很多驰名中外的名胜古迹和旅游景点：重达1 775公斤的世界最大石陨石，全国最大的人工湖——松花湖，久负盛名的吉林北山古庙群等等，却唯有雾凇这处景观是人与大自然共同创造的杰作。

松花湖水源充沛，拦江大坝和水电厂对江水泄流量调控自如，这些都为吉林雾凇这个鬼斧神工之作注入了人的因素。

外界很少有人知道，"雾凇"这个叫法还曾引发吉林市全民大讨论。1991年，吉林市政府举办首届以雾凇和冰雪为主题的民俗节，遇到叫法上的难题。因为长久以来吉林人都称呼其为"树挂"，而一些科技工作者则主张称呼它的学名——雾凇。

全市人民在经过反复论证和推敲后，决定用"雾凇"这个称呼，因为它既科学、文雅，便于对外交流，又能体现吉林雾凇的与众不同，颇具神秘感。

在连续举办几届雾凇冰雪节之后，"吉林雾凇"一词不仅被江城

近观雾凇

父老接受，家喻户晓，而且蜚声海内外，成为中华民族的瑰宝。虽然全世界的雾凇景观不计其数，但却没有一个地方的人对其倾注如此大的感情，这才是吉林雾凇成名的最重要的原因。

观雾凇要分远近欣赏。近看雾凇使你感到有一种无形的引力，有一种走进冰的世界，净的海洋。再冷你也要到雾凇的近处触摸或敲打。看一看她妖娆艳丽，观一观她柔弱苗条。摸一摸她质朴纯洁，沾一沾她的吉祥如意。当你走进她的身边，让你有一种空灵的感觉，顿悟这个世界的美好，顿悟人生的价值。当你敲打和触摸时，片片细微霜叶如天女散花迎空而下，洒遍你的全身，沐浴吉祥，如同为你洗去尘埃。

你要尝试雾凇的感觉，不妨站在树下，大口大口地喘着粗气，只一会儿工夫，你的眼眉、头发、胸前的衣襟便都会挂上一层薄薄的白霜，使你又一次得到大自然的洗礼，使你更加心旷神怡。

远望雾凇让你有一种"登上高楼望尽天涯路的感觉"，一片银白，就连大地、枯草、天空都是白色的，天连着地，地连着天，你的眼里到处都是纯洁的白色。此时此刻你犹如在云雾与云海之间，飘飘荡荡，一望无际，使你心胸开阔，浮想联翩。这美丽的自然景观，让你感到大自然多么神圣，多么壮观。

雾聚雾散，凇来凇谢，犹如春去秋来，又一个季节，又一个时尚，又一个景观，又一个轮回，雾去雾散给人们带来诸多思绪惆怅。冬季如果多一些雾凇，大自然会更加漂亮，人们会因为你的到来忘却寒冷，多一些雾凇，大地会更加欢畅，多一些雾凇，世界会变得更加美丽。

观雾凇最美的地方要数松花江雾凇岛，离吉林市仅40千米，松花江下游的雾凇岛却鲜为人知，这里的雾凇岛因雾凇多且美丽而更加出名。地势较吉林市区低，又有江水环抱。冷热空气在这里相交，冬季里几乎天天有树挂，有时一连几天也不掉落。岛上的曾通屯是欣赏雾凇最好的去处，曾有"赏雾凇，到曾通"之说。

这里树形奇特，沿江的垂柳挂满了洁白晶莹的霜花，江风吹拂银丝闪烁，天地白茫茫一片，犹如被尘世遗忘的仙境。远处，一行白鹭划过丛林，留下静寥的天空。

松花江，古代是东北流至鞑靼海峡的巨大河流，名称混同江，建国后改为黑龙江支流。发源于中、朝交界的长白山天池，流向西北在扶余县三岔河附近与嫩江汇合，后折向东流称松花江干流。

在同江附近汇入黑龙江。全长1 927千米，流域面积约550 000平方千米，跨越辽宁、吉林、黑龙江和内蒙古四省区。

松花江流域位于中国东北地区的北部，东西长920千米，南北宽1 070千米。流域面积55.68万平方千米。松花江是黑龙江右岸最大支流。东晋至南北朝时，上游称速末水，下游称难水。隋、唐时期，上游称粟末水，下游称那河。辽代，全河上下游均称混同江、鸭子河。金代，上游称宋瓦江，下游称混同江。元代，上、下游统称为宋瓦江，自明朝宣德年间始名松花江。

松花江有南、北两源，南源为松花江正源，北源为嫩江。南源发源于长白山主峰长白山天池，海拔高程2 744米，由天池流出的水流经闼门外流，称二道白河，习惯上以此作为松花江的正源。

松花江畔

松花江流域

嫩江发源于大兴安岭支脉伊勒呼里山中段南侧，源头称南瓮河，河源高程1 030米，自河源向东南流约172千米后，在第十二站林场附近与二根河会合，之后称嫩江。嫩江与松花江在吉林省松原市附近会合后称东流松花江，干流东流至同江附近。

中国东北哈尔滨的松花江由右岸注入黑龙江。如以嫩江为源，松花江河流总长2 309千米，以二道白河为源，则为1 897千米。

从南源的河源至三岔河为松花江上游，河道长958千米，落差1 556米。从三岔河至佳木斯为松花江中游，河道长672千米。从佳木斯至河门为松花江下游，河道长267千米，中下游落差共78.4米。

据松花江河口控制站1956～1979年资料推算，松花江多年平均年径流量为734.7亿立方米，多年平均年径流深131.6毫米。

松花江流经黑龙江、内蒙古、吉林三省(区)，沟通了哈尔滨、佳木斯、齐齐哈尔、吉林等主要工业城市及黑龙江、乌苏里江国际界河，是东北地区最重要的水上运输线，电是中国重点进行内河航运建设的河流之一。松花江水系航道总里程2 667千米，可通航5万千克～100万千克级船舶，现有大小港站和装卸点161处，其中较大港门28处。

松花江是黑龙江右岸最大的支流。全长1 900千米，流域面积54.56万平方千米，超过珠江流域面积，占东北三省总面积69.32%。经流总量759亿立方米，超过了黄河的经流总量。

形成雾凇的苛刻条件首先是，既要求冬季寒冷漫长，又要求空气中有充足的水汽。在吉林，冬季一般始于10月中旬，止于次年4月中旬，长达半年之久。在气温低于−20℃时，雾凇就可以形成，这样的日子吉林一冬可达到六七十天。通常，河面在这样的低温下早已冻结了，但是由于吉林上游的丰满水电站，河水经过水轮机组时，叶轮高速运转与河水产生摩擦使水温升高，松花江吉林段在气温零下二三十度时仍能不冻结。温暖的松花江滔滔流过，河水源源不断地向空气中蒸发，使得吉林低空的水汽丰富。

其次，雾凇的形成要求既天晴少云，又静风，或是风速很小。空中的云像是大地的一床被子，夜间有云时，削弱了向外的长波辐射，使地面气温降低较慢，昼夜温差相对较小，近地面空气中的水汽就不会凝结。

若是掀掉了这床被子，热量就更多地散发出去，使得地面温度降低，为水汽的凝结提供了必要条件。

大风是雾凇形成过程中的天敌，它总能把形成过程中结构松散的冰晶吹散，即使簇拥在一起的雾凇也会被吹得无影无踪，微风或静风条件为水汽凝结成雾凇提供保障。

雾凇的形成条非常苛刻

一般冬季，晴天与静风或微风天气同时出现的概率并不很大，然而在吉林，冬季偏偏以这样的日子居多。此外，由于吉林冬季夜间很长，辐射降温的时间增加，降温更多，这些都为形成壮观雾凇创造了得天独厚的条件。

冬来我家看雾凇

冬日的清晨，当你漫步在吉林市的松花江边，常常会沉醉在这神话般的冰雪世界里：江面，流水潺潺，雾气氤氲；岸上，银枝素裹，雪柳轻摇。千姿百态的凇花，编织成一簇簇春花夏草秋果冬树，令人感叹造化之功；千枝银柳万株雪松，凝筑了一个透明清丽澄澈晶莹的佳

冬季来吉林看雾凇

境，令人感慨天意之奇。这就是与泰山日出、黄山云海、钱塘涌潮并称为中国四大气象奇观的吉林雾凇。

认识了雾凇，你也就认识了吉林。吉林与雾凇的缘分，似乎是上天注定的，因为有了一条松花江，一条源自于长白山天池的江，吉林人就独享了这造化的神奇。

松花江蜿蜒曲折，呈反S形穿城而过，造就了"四面青山三面水，一城山色半城江"的城市风韵。

遥想这座城市的先民，他们迁徙的脚步因了这条江而驻足。江岸两边茂密的山林，江中丰富的鱼鲜水禽，让他们看到了生命的希望，于是，垒石设灶，架树造屋，在此定居下来。那是一种原始和粗糙的生存状态，但却是智慧的选择。他们选中了这块地方，就选中了一块风水宝地，并为后人留下了福祉。

一座城市依托着松花江发展起来，也因此幻化出一道人间奇景——吉林雾凇。

雪柳

吉林雾凇毛茸形、疏松体、水晶状，当地人则形象地称之为"树挂"或"雪柳"。

每年的11月下旬到次年的3月上旬，如果你到吉林来，就有可能观赏到雾凇。形成雾凇要具备足够的低温和充分的水汽，这两个自然条件极为苛刻而又互相矛盾。

建于70余年前的丰满水电站却正好营造了这样独特的气象环境：滴水成冰的严寒季节，松花湖面结了厚厚的坚冰，从松花湖大坝底部经过水轮机流出的水却在零度以上，于是有了不冻的松花江源源流过吉林市区。

江水向空气中蒸发大量的水汽，巨大的温差使水汽遇上沿江的树木凝结成晶莹剔透的雾凇，但是轻微的温度、风力的变化都会给它带来致命的影响。雾凇是可遇而不可求的，有时苦盼数日也难觅芳容。于是，有人遇见了，不禁兴高采烈，仿佛中了头彩。

冬日的夜晚，行走在江边，一片江雾笼罩了江面，雾气随着水的流向迎面袭来，能见度不足几米，令人有一种踏雾而行的错觉。吉林人就知道，明天早晨，肯定要起雾凇了。

几乎没有人看到过雾凇凝结的全过程，但有心人却能领略"忽如一

晶莹剔透的凇枝

夜春风来"的意境。有雾凇的日子，恰是最寒冷的时刻，然而人们却看到了"千树万树梨花开"的景象。

这是季节的错位，还是上天的游戏？倘佯在这雾凇构建的冰雪世界里，人们时常会产生似梦似幻的感觉，"处处路通琉璃界，时时身在水晶宫"。的确，这奇特的世界，宛如人间仙境，令你不知身在何处，不自觉地发出天上人间的慨叹。

太阳出来的时候去看雾凇，又是一番特殊的景致。在阳光的照射下，那凇变得晶莹剔透，那晶变得温馨可人，那雪变得松软绵润……

那一刻，一切都是那么清静、洁白和安宁。穿行在雪柳凇枝间，凇花纷纷扬扬、潇潇洒洒飘然而

下，似雪不是雪，似花不是花。滴在唇间，是一份滋润；洒在脸上，有一份清凉；落在身上，你便与这银色的世界融为一体了。

古人是最善于发现美的，不然不会专为这一现象造一个漂亮而且上口的字：凇。而今人是最善于享受美的。冬天的北方本来是寒滞的，而吉林人却因为有了雾凇而过得热火朝天、丰富多彩。

每当雾凇出现，吉林人都不禁心旷神怡，雾凇给了他们太多的情趣，太多的灵感。放下生活的重负，走出暖洋洋的屋子，走进冰天雪地的大自然，人的心灵会变得纯净起来，禁不住童心大发，全身心地将自己融进这冰雪的天地里。然后，便有诗，有画，有歌，有舞……都是关于雾凇的。

人们用最美的语言来形容，用最艺术的手段来展现，用最隆重的形式来欣赏，用最真诚的情感来赞美。于是，这里举办了享誉海内外

的雾凇冰雪节，成立了汇聚文人墨客的雪柳诗社，开展了吸引各地游客的雾凇之旅……

吉林因雾凇而更亮丽，雾凇因吉林则更自豪。中国优秀旅游城市、中国魅力城市、中国十大美丽城市、中国十大特色休闲城市，这些城市殊荣又有哪一个不是因为吉林与雾凇的结缘。

一方水土一方人，吉林人与雾凇相依相伴几十年，也拥有了共同的风格和品质。冰清玉洁、不事雕琢的气质，不畏严寒、傲雪怒放的风骨，无私奉献、质朴无华的品格……这样的吉林人，正在用智慧和力量谱写着华彩乐章。

◼ 雾凇情怀

在千里冰封、万里雪飘的北国冬天，松花江却依然从容地穿越吉林市区，奔腾不息地激情流淌。在一个被严寒天气和温暖江水共同拥抱的城市里，还有什么奇迹不能发生？让人心醉神迷的雾凇，就是一道人间的奇景。奇就奇在它营造出的如梦如幻的仙

境，奇就奇在它如同群芳一样争艳在冰天雪地。

雾凇映水，冬季花开，谁还能在乎严寒太过漫长？

我童年时生活在舒兰西部的松花江畔。夏天在江里游泳、戏水，捞鱼摸虾。到了冬季，封冻的江面就是乐园，可以踏冰徒步走到对岸的九台。我知道这条江的上游，就是古老而繁华的吉林城，父亲少年时曾在那里度过七年的求学时光。

我还从父亲那里知道，自从建成丰满水电站，吉林城里的江水在冬天不结冰，与下游判若两河。我站在冰面上，频频跷足眺望，对城市的向往一圈一圈绕上心头。

但我最初的向往里没有雾凇。

雾凇情怀

9岁那年出远门，跟父亲一起去北京，往返都在吉林火车站转乘。那时站前广场上还没有圣洁高雅的雾凇仙子雕塑，而且在初夏时节，也没有可能意外地被雾凇吸引。

读高中时，吉林雾凇已被列为中国四大奇特自然景观之一，声名迅速传遍海内外。从县城回家问父亲，父亲说，雾凇就是"树挂"啊，每年冬天总有三四十次开满全城——景观依旧，却从"不速之客"变身"城市使者"。

在童年起步的眺望里，雾凇仍是个谜语，而人生却有了奔头。拿着大学录取通知书从乡下来到吉林，盼望着与雾凇的第一次相遇。等到秋尽，等到冬临。

一个周末的傍晚，江畔的校园里弥漫着湿冷的雾气。气象学老教授在晚自习上向我们透露，明天可能有雾凇。说是可能，意味着雾凇并不一定如约而至——没有任何一个景观，虽近在咫尺却仍能吊足你的胃口。

第二天清晨起床，撩开宿舍的窗帘一看，雾凇仙子已不期然降临人间。与这缕缕银花素未谋面的大一新生，瞬间雀跃起来，齐齐奔向江边。

一片耀眼的洁白撞击着我们的视野：松柳挂雪凝霜，披银戴玉，如朵朵白云和排排雪浪，又似舞动的巨幅哈达。走进了，那些巍峨屹立、擎天挂地的老柳树愈显苍劲挺拔，千万朵凇花繁密地绽放在枝头，编织成一个巨大的花冠。

置身树下，晶莹剔透的银菊和琳琅满目的银花把我们带进如诗如画的仙境中，让你不得不感叹大自然的鬼斧神工和雾凇的天生丽质。

松柳挂雪凝霜

漫步江畔，透过淞枝之间的空隙仰望天空，天空湛蓝得如同刚染过一样。微风袭来，淞花落满肩头，那些随风飘动的扶风柳枝，负载着笑意盈盈的花蕾，临风起舞，婀娜有姿。映衬得岸边的建筑仿佛琼阁玉宇、海市蜃楼，一时天上人间，不知身在何处。

松柳成行

雾淞来时，"忽如一夜春风来，千树万树梨花开"；雾淞去时，"无可奈何花落去，似曾相识燕归来"，真如仙子般芳踪不定。其实雾淞的性情本就如此，"挥挥手，不带走一丝云彩"。所以难免有人不期而遇，深深陶醉其中；也有人苦盼数日，却不得一睹芳容。远道而来的游人常常因为不能与雾淞邂逅，只得抱憾归去。

气象学课堂上，老教授曾向我们解释过，雾淞的形成比雪复杂得多，厚度达到四五十毫米的吉林雾淞是最罕见的一个品种，只有同时具备足够的低温和充分的水汽这两个极为苛刻且互相矛盾的自然条件才能形成，哪怕轻微的温度和风力变化，都会给它带来致命的影响。知晓了这些，谁还能说游人有意、雾淞无情呢？

幸好在这个天公垂青的城市里，雾淞并不辜负人们的期待，即使市区寻不见它的踪影，雾淞岛、北大壶、松花湖也会给你制造惊喜。

有一次带外地朋友到吉丰公路阿什哈达段的雾淞走廊，远远地就看到雾淞绰约的芳姿：一排排杨柳的树冠似烟似雾，与天上的蓝天白云相接，让人分不清天地的界限。

20多年来，我无法扯断天赐的缘分，一直留在这个城市里。我热爱本城的理由，肯定能在雾凇里找到。年年与雾凇为邻，初见时的惊艳早已不再，心却依旧年年被雾凇所打动。

我学会了像老吉林人一样，掌握了观赏雾凇的诀窍：夜看雾，晨看挂，待到近午赏落花。世界上的雾凇景观不计其数，但却没有任何一个地方像吉林人这样倾注浓得化不开的感情。尤其是雾凇冰雪节的连年盛装亮相，更是让这个北国风光之最家喻户晓，海内外称羡。

近年来痴迷于本土历史文化，对雾凇也由表面的观赏转为内心的品读。自古以来，文人墨客对雾凇就格外钟情。

史书《春秋》上就有关于"树稼（树介）"的记载，就是现在所称的"雾凇"。南北朝时代的《字林》里说："寒气结冰如珠见乃消，齐鲁谓之雾凇。"

宋代文字家曾巩在《冬夜即事》诗中写道："园林初日净无风，雾凇花开处处同。"

最形象的描写则属于明末清初文学家张岱的《湖心亭看雪》一文："雾凇沆砀，天与云与山与水，上下一白。"言简意明，读罢如身临其境。

可遇而不可求的吉林雾凇，只有泰山日出、黄山云海、钱塘潮涌能够与之媲美。因为"难得一见"，往往更能激发探秘心理——江泽民有诗说："寒江雪柳日新晴，玉树琼花满目春。历尽天华成此景，人间万事出艰辛。"凡是坚

和雾凇齐名的黄山云海

亘古不变的雾凇

银花、雪挂、雪柳，难免带着点亲切，流露出自豪。古人以雾凇为"丰年之兆"，今人以雾凇为"吉祥之花"。用雾凇、雪柳、银花命名的宾馆、诗社、书画社、旅行社遍布全城，以雾凇为题材的诗作、画作、摄影，引领着关东文风，甚至在"国家名片"——邮票中摇曳生姿。

信"好事多磨"的游人，往往最终都能获得如愿以偿的快乐。

雾聚雾散，凇开凇落，冬去春来，年复一年。我读雾凇，雾凇也读我。有雾凇在，我的乡邦情怀才日渐浓厚起来。此刻我在清点着雾凇的古今别名：雨木冰、傲霜花、凌霄花、冰花、琼花、

它的绮丽妖娆，染一染它的吉祥如意。天寒依旧，暖意盈怀。有雾凇相伴的日子是幸福的，至少能感悟出这个世界的美好，甚而顿悟出生命的价值来。

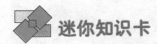 迷你知识卡

丰满水电站

中国最早建成的大型水电站，东北电网骨干电站之一，被誉为"中国水电之母"。丰满水电站位于吉林市境内第二松花江上。发源于长白山天池的松花江水力资源极其丰富。

第10章 云雾凇也影响着我们的日常生活

1．"亚洲褐云"危害深重
2．雾与霾的组成"雾霾天气"
3．雾霾危害健康

◣ "亚洲褐云"危害深重

一份名为《亚洲褐云：气候和其他环境影响》的研究报告指出，南亚地区上空厚达3千米的污染云团，可能是造成该地区每年50万人健康受损、导致某些地区洪涝肆虐而另一些地区干旱炙人，进而造成人命损失的原因。

卫星图片显示，这片污染云团覆盖整个亚洲南部，北至中国北部，西面由印度延伸至阿富汗及巴基斯坦，面积达2 590万平方千米。云层阻隔使阳光对地面和海洋的照射减少了10～15％，整个区域因而转凉，但低大气层的温度却升高。

西北亚部分地区降雨量锐减，比如巴基斯坦西北部、阿富汗、中国西部及中亚西部减少达40％，印度西北部及巴基斯坦因此出现旱灾。

旱灾

但亚洲东岸降雨量却大增，使孟加拉国、尼泊尔及印度东北部洪涝灾害不断，对从阿富汗至斯里兰卡的整个南亚地区的农业和热带雨林造成危害。

污染云团

因为污染会使热带雨林的分布发生根本改变，该地区数百万人可能面临干旱或水灾，进而牵涉到经济发展和人民健康。

这份由联合国环境规划署赞助、耗资2.64亿美元的报告指出，污染云团混合了灰烬、煤烟、酸性物质、悬浮颗粒及其他有毒微粒，是由于森林大火和燃烧农田废物造成的，特别是车辆、工业和电站燃烧化学燃料以及数百万人煮饭时排出的未充分燃烧物质，使污染变得更重。

200多名科学家在联合国环境规划署的监督下参与本研究，自1995年到2000年之间，他们使用船只、飞机及人造卫星来搜集统计数据。报告将在"可持续发展世界首脑会议"中提出。

联合国环境规划署执行主任克劳斯·特普费尔表示："我们掌握了有关的信息，但是还需要进行更进一步的研究。"他还说，"这片污染云团也会对全球造成影响。这种纵深厚度达3千米的污染云团，一周内便能覆盖半个地球"。

研究报告说，还需要做进一步的研究以找出云团导致还是减少了全球变暖、它如何影响臭氧和其他污染物的全球浓度、它对土壤湿度和水供应的影响等。

研究报告呼吁建立特殊的监控站，来观测褐云的动态，以及它对人类和环境带来的冲击。据悉，在东亚、南美洲及非洲也都有类似云层。

◤ 雾与霾的组成"雾霾天气"

雾霾是雾和霾的组合词。因为空气质量的恶化，阴霾天气现象出现增多，危害加重。中国不少地区把阴霾天气现象并入雾一起作为灾害性天气预警预报。统称为"雾霾天气"。

雾霾，顾名思义是雾和霾。但是雾是雾，霾是霾，雾和霾的区别很大。

二氧化硫、氮氧化物和可吸入颗粒物这三项是雾霾主要组成，前两者为气态污染物，最后一项颗粒物才是加重雾霾天气污染的罪魁祸首。

它们与雾气结合在一起，让天空瞬间变得灰蒙蒙的。颗粒物的英文缩写为PM，北京监测的是PM2.5，也就是直径小于2.5微米的污染物颗粒。这种颗粒本身既是一种污染物，又是重金属、多环芳烃等有毒物质的载体。

城市有毒颗粒物来源：首先是汽车尾气。使用柴油的大型车是排放PM2.5的"重犯"，包括大公交、各单位的班车，以及大型运输卡车等。使用汽油的小型车虽然排放的是气态污染物，比如氮氧化物等，但碰上雾天，也很容易转化为二次颗粒污染物，加重雾霾。

其次是北方到了冬季烧煤供暖所产生的废气。

第三是工业生产排放的废气。比如冶金、机电制造业的工业窑炉与锅炉，还有大量汽修喷漆、建材生产

雾霾

窑炉燃烧排放的废气。

第四是建筑工地和道路交通产生的扬尘。

雾是由大量悬浮在近地面空气中的微小水滴或冰晶组成的气溶胶系统，多出现于秋冬季节，这也是2013年1月份全国大面积雾霾天气的原因之一，是近地面层空气中水汽凝结或凝华的产物。

雾的存在会降低空气透明度，使能见度恶化，如果目标物的水平能见度降低到1 000米以内，就将悬浮在近地面空气中的水汽凝结或凝华物的天气现象称为雾；而将目标物的水平能见度在1 000～10 000米的这种现象称为轻雾或霭。

形成雾时大气湿度应该是饱和的，如有大量凝结核存在时，相对湿度不一定达到100%就可能出现饱和。

由于液态水或冰晶组成的雾散射的光与波长关系不大，因而雾看起来呈乳白色或青白色。

霾是由空气中的灰尘、硫酸、硝酸、有机碳氢化合物等粒子组成的。它也能使大气浑浊，视野模糊并导致能见度恶化，如果水平能见度小于10 000米时，将这种非水成物组成的气溶胶系统造成的视程障碍称为霾或灰霾，香港天文台称烟霞。

一般相对湿度小于80%时的大气混浊视野模糊导致的能见度恶化是霾造成的，相对湿度大于90%时的大气混浊视野模糊导致的能见度恶化是雾造成的，相对湿度介于

霾

80～90%之间时的大气混浊视野模糊导致的能见度恶化是霾和雾的混合物共同造成的，但其主要成分是霾。霾的厚度比较厚，可达1～3千米左右。

霾与雾、云不一样，与晴空区之间没有明显的边界，霾粒子的分布比较均匀，而且灰霾粒子的尺度比较小，从0.001微米到10微米，平均直径大约在1～2微米左右，肉眼看不到空中飘浮的颗粒物。由于灰尘、硫酸、硝酸等粒子组成的霾，其散射波长较长的光比较多，因而霾看起来呈黄色或橙灰色。

雾霾形成有三个要素：一是生成颗粒性扬尘的物理基源。我国有世界上最大的黄土平高原地区，其土壤质地最易生成颗粒性扬尘微粒。

二是运动差造成扬尘。例如，道路中间花圃和街道马路两旁的泥土下雨或泼水后若有泥浆流到路上，一小时干涸后，被车轮一旋就会造成大量扬尘，即使这些颗粒性物质落回地面，也会因汽车不断驶过，被再次甩到城市上空。

三是扬尘基源和运动差过程集聚在一定空间范围内，颗粒最终与水分子结核集聚成霾。目前来看，在我国黄土平高原地区350多座城市中，雾霾构造三要素存量相当丰裕。

雾和霾相同之处都是视程障碍物。但雾与霾的形成原因和条件却有很大的差别。雾是浮游在空中的大量微小水滴或冰晶，形成条件要具备较高的水汽饱和因素。

随着城市人口的增长和工业发展、机动车辆猛增，污染物排放和悬浮物大量增加，直接导致了能见度降低。

实际上，家庭装修中也会产生粉尘"雾霾"，室内粉尘弥漫，不仅有害于工人与用户健康，增添清洁负担，粉尘严重时，还给装修工程带来诸多隐患。

随着空气质量的恶化，阴霾天气现象出现增多，危害加重。中国不少地区把阴霾天气现象并入雾一起作为灾害性天气预警预报。统称为"雾霾天气"。

其实雾与霾从某种角度来说是有很大差别的。譬如：出现雾时空气潮湿；出现霾时空气则相对

伦敦的雾霾天气

干燥，空气相对湿度通常在60%以下。其形成原因是由于大量极细微的尘粒、烟粒、盐粒等均匀地浮游在空中，使有效水平能见度小于10千米的空气混蚀的现象。符号为"∞"。

霾的日变化一般不明显。当气团没有大的变化，空气团较稳定时，持续出现时间较长，有时可持续10天以上。由于阴霾、轻雾、沙尘暴、扬沙、浮尘、烟雾等天气现象，都是因浮游在空中大量极微细的尘粒或烟粒等影响致使有效水平能见度小于10千米。有时使气象专业人员都难于区分。

必须结合天气背景、天空状况、空气湿度、颜色气味及卫星监测等因素来综合分析判断，才能得出正确结论，而且雾和霾的天气现象有时可以相互转换的。

雾霾危害健康

最近一项大型的国际研究又有证实，说是接触过某些较高空气污染物的孕妇，更容易产下体重不足的婴儿，而低出生体重的婴儿很容易增加儿童死亡率和疾病的风险，并且与婴儿未来一生的发育及健康都有很大关系。

这项研究合并了来自美国、韩

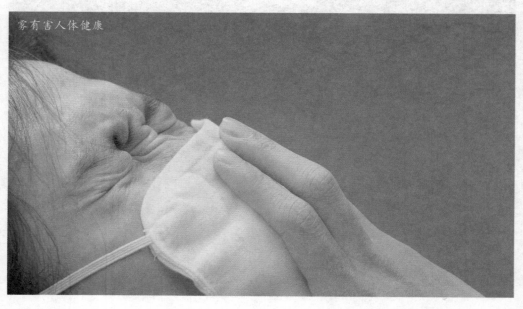
雾有害人体健康

国和巴西等9个国家和地区的14个研究中心所提供的300万名新生婴儿的数据。

韩国首尔

它侧重于两类有害的空气污染物，直径小于2.5微米和小于10微米的可吸入颗粒物，即PM2.5和PM10，这些微粒来自工业和交通运输燃烧的化石燃料以及木柴的燃烧，但是同时也包括尘埃和海盐微粒。

从加拿大温哥华的每立方米12.5微克，到韩国首尔的每立方米66.5微克，结合PM2.5暴露的信息，随着每个中心暴露在可吸入颗粒物中的水平增加，婴儿低出生体重的几率增加10%。

霾在吸入人的呼吸道后对人体有害，长期吸入严重者会导致死亡。

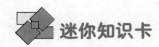
迷你知识卡

微米

长度单位，符号：μ[micron]，读作[miu]。1微米相当于1米的一百万分之一。

图书在版编目（CIP）数据

图说云雾凇／王颖，吴雅楠编著．——长春：吉林出版集团有限责任公司，2013.4（2021.5重印）

（中华青少年科学文化博览丛书／沈丽颖主编．环保卷）

ISBN 978-7-5463-9584-5-02

Ⅰ．①图… Ⅱ．①王…②吴…Ⅲ．①毛冰—青年读物②毛冰—少年读物Ⅳ．① P426.3-49

中国版本图书馆 CIP 数据核字（2013）第 039567 号

图说云雾凇

作　　者／王　颖　吴雅楠
责任编辑／张西琳　王　博
开　　本／710mm×1000mm　1/16
印　　张／10
字　　数／150千字
版　　次／2013年4月第1版
印　　次／2021年5月第3次

出　　版／吉林出版集团股份有限公司（长春市福祉大路5788号龙腾国际A座）
发　　行／吉林音像出版社有限责任公司
地　　址／长春市福祉大路5788号龙腾国际A座13楼　　邮编：130117
印　　刷／三河市华晨印务有限公司
ISBN 978-7-5463-9584-5-02　　　定价／39.80元

版权所有　侵权必究　举报电话：0431-86012893